SMART
FISHERY

智慧渔业

郑纪业　牛鲁燕　王　猛　等　著

中国农业科学技术出版社

图书在版编目（CIP）数据

智慧渔业 / 郑纪业等著. -- 北京：中国农业科学
技术出版社，2024.8. -- ISBN 978-7-5116-7023-6

Ⅰ. S951.2

中国国家版本馆 CIP 数据核字第 20242WD845 号

责任编辑　李　华
责任校对　李向荣
责任印制　姜义伟　王思文

出 版 者　中国农业科学技术出版社
　　　　　北京市中关村南大街 12 号　　邮编：100081
电　　话　（010）82109708（编辑室）　　（010）82106624（发行部）
　　　　　（010）82109709（读者服务部）
网　　址　https://castp.caas.cn
经 销 者　各地新华书店
印 刷 者　中煤（北京）印务有限公司
开　　本　170 mm × 240 mm　1/16
印　　张　14
字　　数　237 千字
版　　次　2024 年 8 月第 1 版　　2024 年 8 月第 1 次印刷
定　　价　58.00 元

《智慧渔业》
著者名单

主　著： 郑纪业　牛鲁燕　王　猛

副主著： 穆元杰　孟　静　魏清岗

参　著： 董贯仓　黄　慧　李首涵　卢德成

王剑非　侯学会　赵　佳　刘　锋

骆秀斌　李乔宇　章超斌　李　君

吴宗钒　董　暐　王丽丽　刘淑云

黄　洁　孔庆富

前　言

随着科技的不断发展和创新，智慧渔业作为一种新型的渔业发展模式，正逐渐受到广泛关注。党的二十大报告提出，加快构建新发展格局，着力推动高质量发展，加快建设农业强国战略目标，"十四五"时期，渔业进入加快推进高质量发展、争取尽早实现现代化的关键阶段。农业农村部关于印发《"十四五"全国渔业发展规划》提出发展智慧渔业。加快工厂化、网箱、池塘、稻渔等养殖模式的数字化改造，推进水质在线监测、智能增氧、精准饲喂、病害防控、循环水智能处理、水产品分级分拣等技术应用，开展深远海养殖平台、无人渔场等先进养殖系统试验示范。推广渔船卫星通信、定位导航、鱼群探测、防碰撞等船用终端和数字化捕捞装备。推进渔业渔政管理数字化技术应用，建设渔业渔政管理信息和公共服务平台，提升渔业执法数字化水平，重点推进长江禁渔信息化能力建设。加强渔业统计基层基础，及时收集发布产能、供给、需求、价格、贸易等信息，强化生产和市场监测预警，分析研判形势，合理引导预期。智慧渔业是指通过运用现代信息技术手段，对渔业生产、管理、服务等各个环节进行智能化改造和提升，从而实现渔业资源的高效利用、生态环境的保护以及渔民收入的增加。本书旨在为读者提供一个全面、系统的智慧渔业知识体系，帮助读者了解智慧渔业的概念、发展趋势、关键技术、政策环境以及国内外发展现状等方面的内容。

本书共分为九章，分别从智慧渔业概述、基于文献计量的智慧渔业技术态势、智慧渔业信息感知与获取技术、智慧渔业信息传输系统、智慧渔业信息处理技术、智慧渔业建模技术、智慧渔业决策支持技术、智慧渔业控制技术以及智慧渔业智能装备等方面进行详细阐述。在撰写过程中，力求内容全面、结构清晰、语言简练，以便于读者更好地理解和掌握智慧渔业的相关知识。

本书的出版得到了山东省重点研发计划（重大科技创新工程）项目（2021TZXD006）资助。在课题研究及书稿撰写中，得到了山东东润仪表科技股份有限公司马正、于兆慧、张君、姚素珍及山东明波海洋设备有限公司李文升、王清滨、赵侠等老师及一些同行的大力支持，同时本书在撰写过程中还参考和引用了大量国内外相关文献。在此，谨向为本书的完成提供支持的单位、研究人员和相关文献的作者表示敬意与感谢。有些英文为行业术语，本书中未作翻译。

由于著者水平有限，时间仓促，书中难免有疏漏与不足之处，敬请读者批评指正。

著　者

2024年7月

目　录

1 智慧渔业概述

1.1 智慧渔业概念与发展趋势

1.1.1 智慧渔业概念

智慧渔业是一种新型渔业发展模式，它综合应用信息技术、物联网、大数据、人工智能等现代化技术，对渔业产业链中的捕捞、养殖、加工、物流及销售等各个环节进行数字化、网络化、智能化的改造，通过实时数据采集、智能监控、精准分析与决策支持，旨在提高渔业资源的利用效率、增强环境保护能力、提升产品质量与安全性，并促进渔业经济的可持续增长。智慧渔业的核心在于通过技术手段，实现渔业生产的智能化、精准化和可持续发展。

智慧渔业以精准化养殖、可视化管理、智能化决策为手段，以智能化、自动化、集约化、可持续发展为目标，深入开发和利用渔业信息资源，全面提高渔业综合生产力和经营管理效率，是推进渔业供给侧结构性改革、加速渔业转型升级的重要手段和有效途径。

1.1.2 智慧渔业发展趋势

1.1.2.1 智能化程度的提高

未来的智慧渔业将不仅仅是简单的自动化控制，而是智能化程度更高的系统。随着物联网、AI算法、区块链、5G通信等技术的不断成熟，智慧渔业将更广泛地集成这些先进技术，实现渔业生产管理的自动化、智能化飞跃。例如，通过物联网技术，可以实现对养殖环境的实时监测和智能控制，提高养殖效率；使用机器视觉进行鱼类病害识别；通过深度学习优化养殖环境控制等。

1.1.2.2　供应链优化与市场智能化

在智慧渔业中，数据的价值将被充分挖掘和利用。通过大数据技术，可以分析渔业生产数据、气象数据、水文数据等，为渔业生产提供更加精准的数据支持。利用大数据分析和人工智能预测市场需求，优化水产品供应链管理，减少损耗，提高市场响应速度。例如利用大数据分析，可以预测鱼类的生长趋势，为养殖提供科学依据。同时，智能销售平台的建立将促进渔业产品的个性化营销和品牌建设。

1.1.2.3　智能监测的普及

随着技术的不断进步，智能监测技术将更加普及。未来的智慧渔业将利用智能监测设备对水质、气象、水文等情况进行实时监测，为渔业生产提供更加准确的数据支持。

1.1.2.4　产业链整合与协同发展

智慧渔业将促进渔业产业链的整合与协同发展。通过信息化手段，可以实现渔业生产、加工、销售等各个环节的紧密连接和高效协同，提高整个产业链的运作效率和竞争力。

1.1.2.5　精准化养殖

智慧渔业将推动养殖技术的精准化发展。利用物联网技术和智能养殖设备，可以对养殖环境进行实时监测和调控，确保养殖条件的稳定和优良。同时，通过精准投喂、精准用药等技术手段，可以提高养殖效率和产品质量，降低生产成本和养殖风险。

1.1.2.6　渔业资源保护与利用

智慧渔业将更加注重渔业资源的保护和利用。通过卫星遥感、无人机等技术手段，可以对渔业资源进行实时监测和评估，及时发现和解决问题。同时，利用大数据和人工智能技术，可以对渔业资源进行合理规划和利用，实现渔业资源的可持续利用和发展。

1.1.2.7 渔业新业态的发展

智慧渔业的发展将催生出一些新的渔业业态和模式。例如，利用电子商务、直播带货等新型销售方式，可以将渔业产品直接销售给消费者，缩短销售链条，提高销售效率和利润。此外，还可以发展休闲渔业、观光渔业等新型渔业业态，丰富渔业产业的内容和形式。

1.1.2.8 人才培养与科技创新

智慧渔业的发展需要人才和科技的支撑。因此，需要加强渔业人才的培养和引进工作，培养一支具备现代科技知识和渔业专业技能的人才队伍。同时，还需要加强科技创新和研发工作，推动渔业科技的进步和应用。

综上所述，智慧渔业的发展趋势是多元化、智能化、精准化、环保化和国际化的。随着技术的不断进步和应用的不断深入，智慧渔业正引领传统渔业向高效、环保、智能化转型，其发展趋势展现出渔业领域在未来可持续发展路径上的广阔前景。

1.2 智慧渔业发展历程及优势

1.2.1 发展历程

1.2.1.1 起步阶段

在智慧渔业的起步阶段，主要的技术应用集中在自动化控制方面。此阶段，通过引入传感器、物联网等技术，实现了对渔业生产的自动化控制，使得渔业生产过程初步实现了自动化、智能化。这些技术的应用，提高了渔业生产的效率，减少了人力成本，为智慧渔业的进一步发展奠定了基础。

在这一时期，随着信息技术的初步发展，一些渔业发达国家开始尝试将信息技术应用于渔业管理中，比如使用GPS定位系统辅助渔船导航和捕捞作业，以及简单的水质监测设备用于养殖环境管理。20世纪90年代，我国开始研究智慧渔业，主要是利用计算机和信息技术对渔业生产进行管理和优化。这一阶段的主要特点是单项技术的应用，尚未形成系统化的智慧渔业概念。

1.2.1.2 示范推广阶段

随着物联网技术的兴起，传感器、无线通信技术开始应用于渔业，实现了对养殖环境参数的远程监控。同时，数据库和初步的数据分析技术也被引入，帮助渔业管理者做出更为科学的决策。此阶段，智慧渔业的概念逐渐成形，但应用范围有限，且多集中在大型企业和科研机构，智慧渔业开始注重对养殖资源的合理利用和管理。2011年，我国在江苏建设了首个物联网水产养殖示范基地，开始将物联网技术应用于渔业生产中。随后，全国各地也相继建设了多个智慧渔业示范基地，推广智慧渔业技术。

1.2.1.3 快速发展阶段

大数据、云计算、人工智能等技术的快速发展为智慧渔业的全面推广提供了强大动力。这一时期，智慧渔业解决方案开始在水产养殖、捕捞管理、疾病预警、供应链追踪等方面得到广泛应用。物联网传感器的普及使得环境监测更加精细化，而大数据分析则能够提供更为精准的生产指导和市场预测。同时，移动互联网的普及让渔民可以更便捷地获取信息和服务。

1.2.1.4 创新发展阶段

进入21世纪20年代，智慧渔业进入了一个深度融合与创新的新阶段。技术应用更加成熟和完善，不仅限于单一环节，而是贯穿整个渔业产业链，形成了包括智能养殖、智能捕捞、冷链物流、市场预测在内的全方位解决方案。AI算法的不断优化使得决策支持系统更加智能，能够实现个性化管理和精准营销。此外，也开始探索区块链技术的应用，以增强产品追溯能力和提升消费者信任度。同时，面对数据安全和隐私保护的挑战，相关政策法规也在逐步完善，确保智慧渔业的健康可持续发展。当前，智慧渔业正向更高层次、更广领域发展。例如，利用人工智能、区块链等新技术，实现渔业生产的智能化、数字化和可视化，推动渔业产业升级和转型。

总的来说，智慧渔业的发展历程是一个不断创新、不断发展的过程，其目标是实现渔业生产的智能化、数字化和可持续化，提高渔业生产的效率和质量，促进渔业产业的健康发展。

1.2.2　智慧渔业优势

相比传统水产养殖，智慧渔业养殖具有显著的优势，这些优势主要体现在以下几个方面。

1.2.2.1　生产成本更低

饲料投喂精准化：智慧渔业通过引入智能自动投饵机以及养殖设备管理系统，可以根据养殖环境的情况按需给养殖生物投喂食物。这种精准投喂的方式，在保证营养供给充足合理的情况下，能显著减少饲料的消耗，降低饲料成本。

人力资源成本降低：智慧渔业的养殖环境监测系统可以24h实时监控养殖环境，节省了过去定时检测环境指标的麻烦，不仅能节省人力，还能有效控制饲料浪费，降低饲料成本。此外，通过精准管理减少资源消耗，整体运营成本得以降低。

1.2.2.2　生产效率更高

养殖系统：智慧渔业养殖系统能够高效整合生产养殖计划、物资数据以及人员信息数据，对整个生产过程进行精准的动态监管。这种高效的资源整合和监管，能够进一步提升资源利用率，从而提高生产效率。

高密度养殖：智慧渔业养殖模式，基于对养殖水质的精准监管和把控，能够为所养生物提供最为适宜的生长环境，让养殖人员以更高的养殖密度进行水产养殖成为可能，从而提升养殖的效率。

1.2.2.3　生产更安全

灾害预防：智慧渔业养殖系统能实时监控水质、养殖生物的健康状态，及时发现并预警潜在问题，如水质异常或疾病暴发，从而迅速采取措施，降低因疾病或环境因素导致的损失。

风险管控能力：智慧渔业养殖模式具有更强的风险管控能力，能够预测市场需求和价格走势，帮助养殖企业制定合理的生产和销售计划，进一步提高抵御市场风险的能力。

1.2.2.4 数据驱动决策

智慧渔业通过收集、整理和分析渔业生产过程中的各种数据，为渔业生产提供更加科学、合理的决策支持。这种数据驱动的决策方式，可以大大提高渔业生产的决策效率和准确性。

1.2.2.5 环保与可持续发展

智慧渔业在养殖过程中，注重环境保护和可持续发展。通过精准化的管理和监控，可以减少渔业生产对环境的负面影响，实现渔业资源的可持续利用和保护。

综上所述，智慧渔业养殖相比传统水产养殖在生产成本、生产效率、生产安全、数据驱动决策以及环保与可持续发展等方面都具有显著的优势。这些优势使得智慧渔业养殖成为现代水产养殖的重要发展方向。

1.3 智慧渔业关键技术

智慧渔业是充分利用现代信息通信技术，汇聚人的智慧，赋予物以智能，使汇集智慧的人和具备智能的物互存互动、互补互促，以实现经济社会活动最优化的渔业发展新模式和新形态。同时，智慧渔业更加注重渔业、渔民、政府、公司、消费者之间的联系，更加注重交互的精准度、交互高效性、交互愉悦度，以智慧的方式发展渔业。

智慧渔业的发展依托于几大核心技术的支持，分别是互联网、大数据、物联网等技术，下面对几大技术进行简单的说明。

1.3.1 互联网技术

互联网始于1969年美国的阿帕网，又称国际网络，指的是网络与网络之间所串联成的庞大网络，这些网络以一组通用的协议相连，形成逻辑上的单一巨大国际网络。互联网在渔业生产中主要结合物联网将原来仅凭感觉和经验进行的增氧、喂食、检查鱼情等工作智能化、精准化，避免因个人专业素质的差异而造成生产上的误差，影响渔业生产的效率。通过互联网实时监测系统，渔民可以获取水产品生产环境的即时信息，按需供给鱼群所需要的氧气、温度、pH值等生长必需的环境条件。这个过程大大减少了渔业养殖过程中的人工成本，并且增加了渔业生产的效率。互联网和大数据的结合，增强了渔业信息决策的智能化。传统渔业生产的过程中，由于信息的滞后性和不透明性，渔民往往无法掌握最新的市场需求动态进行渔业生产活动，而互联网技术让渔民及时掌握国家政策、市场供给情况、天气预报等有效的信息，为渔民的生产决策提供了高效、智能的指导。

1.3.2　物联网技术

"物联网"一词最早来源于1995年比尔·盖茨的一本充满远见的书《未来之路》，到1999年，美国麻省理工学院赋予了"物联网"这个概念基本含义。2003年，美国《技术评论》杂志中提出传感网络技术将是未来改变人们生活的十大技术之首。2009年作为我国物联网领域发展的重要节点，物联网概念在政府工作报告中出现，成为五大战略性新兴产业之一，之后我国努力参与物联网国际标准的制定与实施，提升了我国在该领域的国际话语权。

物联网是具有全面感知、可靠传输、智能处理特征的连接物理世界的网络，是互联网和通信网的拓展应用和网络延伸，它通过感知识别、网络传输互联、计算处理等3层架构，实现了人们任何时间、任何地点及任何物体的连接，使人类可以更加精细和动态地管理生产和生活，提升人们对物理世界实时控制和精确管理的能力，从而实现资源优化配置和科学智能决策。具体来说，物联网技术可以实现以下功能。

环境监控：通过水质传感器、气象传感器等设备，实时监测养殖环境的水温、溶解氧、pH值、氨氮等关键参数，为养殖管理提供科学依据。

智能控制：根据养殖环境参数的变化，自动调整养殖设备的工作状态，如控制增氧机、投饵机的开关和频率，实现精准养殖。

设备管理：通过物联网技术，可以实现对养殖设备的远程监控和管理，包括设备的运行状态、故障报警、维护保养等。

1.3.3　人工智能技术

人工智能是人类智慧的延伸，人工智能技术近年来发展速度极快，尤其是和大数据技术相互结合的情况下，使该技术被广泛运用在各行各业中。在智慧渔业领域，目前水产养殖、加工、水质分析、鱼情预报、饲料配比等方面都出现了人工智能的身影，提升了渔业生产的计划性、效率性、精准性。主要包括以下几个方面。

图像识别：利用图像识别技术，可以实现对鱼类、水草等生物的自动识别和分类，为养殖管理提供便利。

智能决策：基于大数据和人工智能技术，可以实现对渔业生产的智能决策。例如根据市场需求和价格走势，制定合理的生产和销售计划。

预测预警：通过对历史数据的分析和学习，可以预测未来一段时间内渔业生产的情况，如疾病暴发、环境变化等，并提前采取相应的措施进行防范。

1.3.4 大数据与云计算技术

大数据对收集到的海量信息进行整合、存储、分析，挖掘出有价值的信息和规律，帮助渔业管理者优化养殖策略、预测市场趋势、评估环境影响。

云计算提供强大的计算资源，支撑大数据处理和复杂模型的运行，实现数据驱动的决策支持。大数据技术在智慧渔业中的应用主要体现在以下几个方面。

数据收集与存储：通过物联网设备收集的海量渔业数据，需要利用大数据技术进行存储和管理。这些数据包括养殖环境数据、设备运行数据、销售数据等。

数据分析与挖掘：利用大数据技术对收集到的数据进行分析和挖掘，可以揭示出隐藏在数据中的规律和信息，为渔业生产提供决策支持。例如，通过分析鱼类的生长数据，可以预测鱼类的生长趋势和最佳捕捞时间。

数据可视化：将分析结果以图表、图像等形式展现出来，使得数据更加直观易懂，方便渔民和管理人员使用。

1.3.5 5G通信技术

5G通信技术的引入为智慧渔业的发展提供了更加高效、稳定的数据传输支持。具体来说，5G技术可以实现以下功能。

高速传输：5G技术具有高速率、低时延特点，可以实现对渔业数据的实时传输和处理。

广覆盖：5G网络具有广覆盖的特点，可以覆盖到偏远地区的渔业生产现场，为渔民和管理人员提供更加便捷的服务。

1.3.6　卫星遥感技术

卫星遥感技术可以实现对海洋、湖泊等水域的实时监测和数据分析，为渔业生产提供重要的信息支持。例如，通过分析卫星遥感图像，可以了解海洋环境、鱼群分布等情况，为捕捞作业提供指导。

智慧渔业的关键技术涵盖了互联网、物联网、大数据、人工智能、5G通信、卫星遥感等多个领域。这些技术的综合应用，为渔业生产的智能化、自动化和集约化提供了强有力的技术支撑。随着技术的不断发展和创新，智慧渔业将在未来发挥更加重要的作用，为渔业的可持续发展贡献力量。

1.4　智慧渔业国内外发展现状

1.4.1　智慧渔业国内发展现状

近年来，我国智慧渔业发展迅速，政府和企业纷纷加大投入，推动智慧渔业技术的研发和应用，智慧渔业逐渐成为我国渔业发展的新趋势。目前，我国智慧渔业已经实现了从传统的渔业生产向数字化、智能化转型的初步目标。在智慧渔业技术方面，我国已经掌握了物联网、大数据、人工智能等核心技术，并将其广泛应用于渔业生产中。同时，我国还建设了多个智慧渔业示范基地，推广智慧渔业技术，提高渔业生产的效率和质量。

1.4.1.1　智慧渔业技术的应用推广

智慧渔业技术已经在国内多个省份得到了推广和应用。例如，湖南的智慧渔业主要以智能监测、智能控制和智能预警为主，通过物联网技术实现养殖环境的实时监测和自动调节；江苏的智慧渔业则以智能养殖和智能捕捞为主，利用物联网和大数据技术优化养殖管理和捕捞决策；浙江的智慧渔业则以智能监测和智能预警为主，通过智能化手段提升渔业生产的安全性和效率。

1.4.1.2　智慧渔业产业的发展规模

随着智慧渔业技术的不断推广和应用，我国智慧渔业产业规模不断扩大。据统计，2023年我国水产养殖产量达5 812万t，占世界水产养殖总产量的60%以上，而智慧渔业技术在水产养殖中的应用率也在逐年提高。目前，国内已经涌现出了一批具有代表性的智慧渔业企业和项目，如中国农业大学发布的"范蠡大模型1.0"，该模型可以实现渔业多模态数据采集、清洗、萃取和整合等，为渔业养殖工人、管理经营者和政府决策部门提供全面、精准的智能化支持。

1.4.1.3　智慧渔业技术的创新与应用

在智慧渔业技术创新方面，我国也取得了显著的成果。一方面，国内企业和研究机构在物联网、大数据、人工智能等领域取得了多项创新成果，这些成果为智慧渔业的发展提供了坚实的技术支撑；另一方面，智慧渔业技术的应用也在不断拓展和深化，如智能养殖、智能捕捞、智能加工等领域的应用已经逐渐成熟，并开始向更多领域延伸。

我国在水产养殖物联网、大数据分析、人工智能等关键技术领域取得显著进展，建立了多个物联网水产养殖示范基地，如江苏的首个物联网水产养殖基地，以及各地涌现的智慧渔业产业园区和项目，如海南文昌国际智慧渔业发展论坛、广东佛山诚一集团华辰农业智慧渔业项目等，这些项目展示了智慧渔业的最新成果，并向全国推广。产业链条智能化升级从养殖、捕捞到加工、销售，智慧渔业覆盖了整个产业链。智能监控系统、自动化设备在养殖环节广泛应用，提高了生产效率和产品品质；物流与销售环节通过电商平台、冷链物流和区块链技术，实现了水产品的快速、安全流通和全程追溯。

1.4.1.4　智慧渔业政策扶持与市场环境

国家层面高度重视智慧渔业的发展，出台了一系列政策文件和规划，如《"十四五"全国渔业发展规划》等，明确提出要加快渔业信息化、智能化建设，推动传统渔业向现代化智慧渔业转变。政府对智慧渔业的发展给予了高度重视和支持，出台了一系列扶持政策，包括资金扶持、税收优惠、人才引进等，这些政策的出台为智慧渔业的发展提供了良好的市场环境和发展机遇。同时，随着消费者对健康、营养食品的需求增加，以及渔业市场竞争的加剧，智慧渔业的发展也拥有着广阔的市场空间和巨大的发展潜力。

智慧渔业在国内已经取得了显著的发展成果，技术应用不断推广和深化，产业规模不断扩大，技术创新和应用不断拓展和深化。未来，随着技术的不断进步和市场的不断拓展，智慧渔业将继续发挥重要作用，推动渔业生产的转型升级和可持续发展。

1.4.2 智慧渔业国外发展现状

对比国内，国外智慧渔业的发展更加成熟和先进。欧、美的一些发达国家在智慧渔业技术方面投入更大，研发出了更加智能化、高效化的渔业设备和系统。例如，一些国家已经实现了渔业生产的全自动化和智能化，通过智能化设备和系统对养殖环境进行实时监测和调控，大大提高了渔业生产的效率和质量。此外，国外智慧渔业还注重可持续发展和环保，通过智能化技术减少渔业生产对环境的负面影响。

1.4.2.1 技术应用与创新

（1）信息技术的应用。一些发达国家如美国、日本、欧盟成员国等，在智慧渔业领域已取得显著进展。这些国家广泛应用物联网、大数据分析、人工智能（AI）以及卫星遥感技术，实现渔业资源的精准监测、环境参数的实时采集、疾病预警和自动化饲养管理。

物联网技术：在国外，物联网技术已广泛应用于智慧渔业中，实现对养殖环境的实时监测、数据的自动采集和设备的远程控制。例如，挪威的海上网箱采用了物联网技术，实现了对水质、水温等关键参数的实时监控和自动调节。

大数据技术：大数据技术被用于分析养殖数据、市场需求和价格走势，为渔业生产提供决策支持。例如，美国的一些渔业企业利用大数据技术，对海产品的市场需求进行预测，以制定合理的生产和销售计划。

人工智能技术：人工智能技术在智慧渔业中的应用主要体现在图像识别、智能决策和预测预警等方面。例如，日本的一些渔业企业利用人工智能技术，对养殖生物进行自动识别和分类，提高了养殖管理的效率。

（2）智能化设备普及。国外智慧渔业中，智能化设备的使用相当普遍，包括自动投饵系统、水质监控传感器、鱼类行为监测摄像头等，这些设备大幅提高了生产效率，减少了人力成本，并优化了资源利用。

（3）政策支持强劲。许多国家为推动智慧渔业的发展，制定了相应的扶持政策和资金投入计划。例如，提供研发补贴、税收优惠等，鼓励渔业企业采用新技术，促进渔业的可持续发展。

（4）规模化与标准化。国外一些大型渔业公司和养殖场已实现智慧渔业的规模化应用，通过建立标准化的数据采集与分析流程，确保了生产过程的透明度和产品质量的一致性。

（5）环保与可持续性。智慧渔业技术在海外的应用还着重于环境保护和资源可持续利用。例如，通过精确渔捞减少误捕，利用环境监测预防生态破坏，以及开发海洋牧场等新型养殖模式，减少对野生渔业资源的依赖。

1.4.2.2 发展规模与典型案例

美国、德国和日本等水产养殖业发达国家相继建立完善了养殖池塘水体环境智能监控管理系统，实时在线监测水质各项理化指标，实现了监测数据自变量与养殖水域生态环境因变量之间的对应调节，最大限度地模拟创造养殖对象适宜的生存环境。苏格兰利用物联网技术实时监控鱼虾养殖中不同地区饵料、药物和鱼虾排泄物的污染程度，并构建出预测预警模型。澳大利亚开发视频系统监测鱼类生长，该软件能够从水下立体视频成像中对鱼进行自动识别和测量。

（1）美国。美国的智慧渔业发展主要集中在深海养殖和智能捕捞方面。美国自1964年就引进网箱养鱼技术，养殖斑点叉尾鲴，目前网箱养鱼已扩展到30多个国家和地区。此外，美国还利用无人机进行捕捞，提高了捕捞效率和安全性。

（2）欧洲。欧洲的智慧渔业发展主要集中在海洋牧场和水产养殖方面。例如，挪威的海上网箱最大周长可达200m，安装方便，抗风浪能力大，有抗老化的能力，在波高12m的巨浪下，网箱不变形，不影响网箱内鱼类的行为。

（3）日本。日本在智慧渔业方面处于领先地位，其智慧渔业系统已经实现了从养殖、捕捞到加工、销售的全程智能化管理。例如，日本的北海道地区利用物联网和大数据技术，实现了对渔业生产的全面监控和管理，提高了渔业生产的效率和质量。

1.4.2.3 政策扶持与市场环境

各国政府纷纷出台政策扶持智慧渔业的发展，包括资金扶持、税收优惠、人才培养等方面。这些政策的出台为智慧渔业的发展提供了良好的市场环境和发展机遇。

同时，随着全球对海洋资源的重视和对渔业可持续发展需求的增加，智慧渔业的市场需求也在不断扩大。智慧渔业不仅能够提高渔业生产效率和质量，还能够降低对海洋资源的过度依赖和破坏，实现渔业的可持续发展。

综上所述，智慧渔业在国外已经取得了显著的发展成果，技术应用不断创新和深化，发展规模不断扩大，政策扶持和市场环境也日益完善。未来，随着技术的不断进步和市场的不断拓展，智慧渔业将继续发挥重要作用，推动全球渔业的现代化和可持续发展。

1.5 智慧渔业发展存在的问题

1.5.1 技术难题

技术应用成熟度不足：尽管物联网、大数据、云计算等技术在智慧渔业中有广泛应用，但相比于其他行业，渔业的特殊性决定了这些技术的应用需要更多的创新和适应。目前，技术应用的成熟度还不够，如传感器故障、数据连接不稳定等问题，严重影响智慧渔业的发展。

技术支撑力度不足：渔业所用到的产品和技术往往是从其他行业嫁接转移过来的，或者是模仿改良的，不确定性偏高。此外，物联网感知层、传输层、处理层和应用层也都不同程度存在技术和管理标准规范缺失的问题。

1.5.2 数据问题

渔业数据的采集和共享是智慧渔业的基础，但目前我国渔业数据的采集和共享还存在一定的问题，限制了智慧渔业应用的发展。数据的不完全和共享不畅，使智慧渔业难以发挥其应有的作用。

1.5.3　成本问题

　　智慧渔业需要投入大量的资金用于设备采购、技术研发等，成本问题一直难以解决，这也限制了智慧渔业的发展。智慧渔业系统的建设和维护需要较大的初期投资，对于部分渔业企业和个人来说是一大负担，加上技术更新换代快，持续投入成本高。

1.5.4　安全问题

　　智慧渔业需要对渔业设备进行监控和数据采集，但安全漏洞的存在可能导致渔业设备的数据泄露和系统被攻击，从而危及渔业生产安全。

1.5.5　其他问题

　　缺乏统一的建设标准：在智慧渔业建设过程中，如果缺乏相关标准体系的制定和搭建，就找不到实际需求所在，抓不住智慧渔业建设重点，无法体现出标准技术的先进性和实用性。

　　不重视软件配套设施：部分养殖企业只关注增氧机等使用效果显著的硬件装备，而对水质监测、远程诊断、物联网等配套软件设施不重视。长远来看，注重软件配套设施研发，能辅助硬件设施更好发挥作用，从而实现降本增效。

　　专业人才短缺：智慧渔业的发展需要既懂渔业又熟悉信息技术的复合型人才，但目前这类人才较为短缺，渔民和相关从业人员的培训与教育普及工作亟待加强。

　　技术与应用脱节：虽然物联网、大数据、人工智能等先进技术在理论上对渔业有巨大提升潜力，但实际应用中，技术与渔业具体场景的结合还不够紧密，存在技术落地难、实用性不强等问题。

　　政策与法规滞后：部分地区的政策支持和法律法规尚不能完全适应智慧渔业快速发展的需求，缺乏针对性的引导和规范，影响了智慧渔业的健康发展。

　　智慧渔业在发展中面临的问题是多方面的，需要政府、企业、科研机构等各方共同努力，加强技术研发和创新，建立统一的建设标准，加强数据的采集和共享，解决成本和安全等问题，推动智慧渔业的健康发展。

2 基于文献计量的智慧渔业技术态势

2.1 数据采集与分析方法

为了解全球智慧渔业技术领域的科研发展态势，以中国知网学术期刊库和Web of Science核心合集为数据源，采用文献计量法，利用CiteSpace软件进行统计分析，从发文量、作者、国家/地区、机构、关键词等方面，对智慧渔业技术领域的文献进行可视化计量分析，多维度展示研究的发展历程和研究态势。

2.1.1 数据来源

国内文献数据来源于中国知网学术期刊库，检索智慧渔业技术领域的国内发文情况。检索条件设置情况如下：检索项选择主题检索，检索式为"（渔业+水产养殖）*（智慧+数字+智能+传感器+机器人+大数据+物联网+信息技术+信息化+神经网络+智慧渔业系统+信息感知+爬虫+API+信息传输+光纤+网络+北斗+GPS+信息处理+智慧渔业建模+决策支持+智慧渔业控制+智能装备+仿生鱼）"，检索日期为2024年5月7日，为保证分析质量，来源类别选择北大核心期刊，经统计软件清洗、去重后，得到523条有效文献记录。

国际文献数据来源于Web of Science核心合集中的Science Citation Index Expanded（SCIE，科学引文索引），检索智慧渔业技术领域的国际发文情况。检索条件设置情况如下：检索项选择主题检索，检索式为"（fishery OR aquaculture）AND（smart fishery OR digital technology OR intelligent technology OR sensors OR robot OR big data OR internet of things OR information technology OR neural network OR smart fishery system OR information perception OR crawler OR API OR information transmission OR fiber OR network OR compass OR GPS OR information processing OR smart fishery modeling OR decision support OR smart fishery control OR intelligent equipment OR bionic fish）"，检索日期为2024年5月9日，经统计软件清洗、去重后，得到302条有效文献记录。

2.1.2 文献计量法

文献计量法是一种基于数理统计的定量分析方法，它是以科学文献的外部特征为对象，研究文献的分布结构、数量关系、变化规律和定量管理，进而探讨科学技术某些结构、特征和规律。利用文献计量法分析全球智慧渔业技术领域的发文情况，可揭示该领域的研究态势，为未来研究工作的开展提供科学依据。

利用文献计量分析工具CiteSpace对样本数据进行统计、分析，绘制知识图谱，图谱中节点的大小代表数量的多少，节点之间的连线及其粗细分别表示节点间的合作关系及其密切程度。在文献计量的基础上形成可视化的研究动态，利用发文规律分析领域的研究态势。

2.2 国内研究态势

2.2.1 发文量

从国内智慧渔业技术领域文献的发文趋势看（图2-1），可见智慧渔业技术的研究报道起源于20世纪90年代，研究初期，发文量较低，直到2000年以后，发文量出现稳定增长趋势，2014年发文量达到第一个小高峰，为33篇，其后年份发文量出现小幅下降，2021年发文量达到顶峰，为47篇。总体来说，智慧渔业技术领域的研究得到科研工作者持续而广泛的关注，但在经历科研成果产出的小幅增长之后，目前已进入一个稳定的发展时期，发展势头有所减弱。

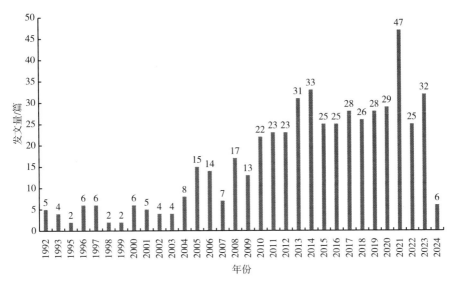

图2-1 国内文献发文趋势

2.2.2 机构分析

智慧渔业技术领域，国内高发文量机构（表2-1）有中国农业大学信息与电气工程学院、上海海洋大学海洋科学学院、上海海洋大学工程学院、上海海洋大学信息学院、江苏大学电气信息工程学院、中国水产科学研究院渔业机械仪器研究所以及大连海洋大学信息工程学院等。利用CiteSpace绘制机构共现知识图谱（图2-2），可以看出以上海海洋大学海洋科学学院、上海海洋大学工程学院和上海海洋大学信息学院为中心，形成国内本领域最大的合作关系网；另外，以江苏大学电气信息工程学院和中国农业大学信息与电气工程学院为核心形成两个较为简单的合作网络。从中心度方面看，上海海洋大学海洋科学学院中心度最高，为0.06，与其他机构之间的合作关系最为紧密，但整体来看，机构之间的合作关系较为松散，合作度欠佳。

表2-1 国内高发文量机构TOP20

序号	发文量/篇	中心度	年份	机构
1	31	0	2008	中国农业大学信息与电气工程学院
2	29	0.06	2013	上海海洋大学海洋科学学院
3	22	0.04	2013	上海海洋大学工程学院

（续表）

序号	发文量/篇	中心度	年份	机构
4	22	0.02	2010	上海海洋大学信息学院
5	20	0	2005	江苏大学电气信息工程学院
6	13	0.01	2008	中国水产科学研究院渔业机械仪器研究所
7	8	0	2019	大连海洋大学信息工程学院
8	8	0	1997	中国水产科学研究院淡水渔业研究中心
9	8	0.01	2014	国家远洋渔业工程技术研究中心
10	7	0	2021	中国农业大学国家数字渔业创新中心
11	7	0	2011	常州大学信息科学与工程学院
12	6	0	2005	中国海洋大学水产学院
13	6	0	2011	淮阴工学院电子与电气工程学院
14	5	0	2004	中国农业大学工学院
15	5	0	2021	大洋渔业资源可持续开发教育部重点实验室
16	5	0	2009	中国水产科学研究院南海水产研究所
17	5	0	2005	华南农业大学工程学院
18	5	0	2012	中国水产科学研究院东海水产研究所
19	5	0	2021	华中农业大学工学院
20	4	0	2013	中国水产科学研究院黄海水产研究所

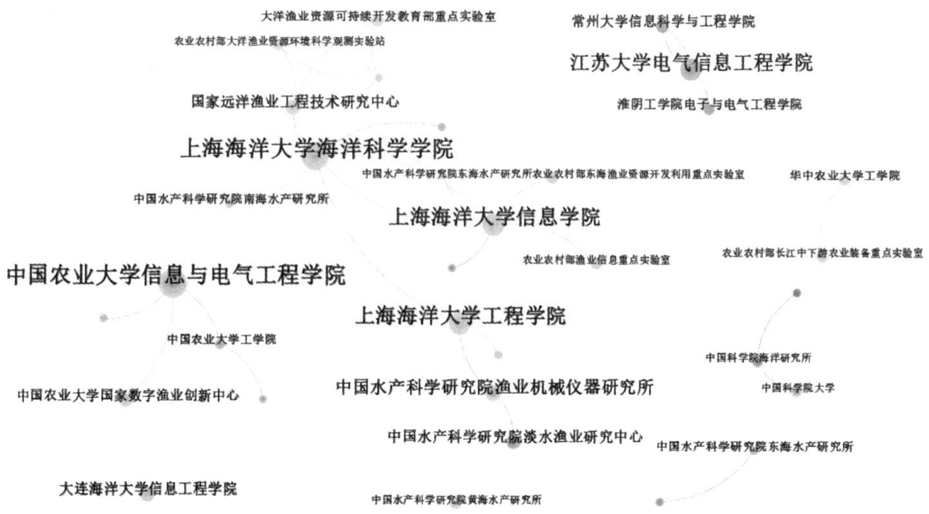

图2-2　国内文献机构共现知识图谱

2.2.3 作者分析

智慧渔业技术领域，国内高发文量作者（表2-2）有赵德安、李道亮、刘星桥、张胜茂、陈新军、史兵以及刘世晶等，利用CiteSpace绘制作者共现知识图谱（图2-3），可以看出以江苏大学电气信息工程学院赵德安和刘星桥、中国农业大学信息与电气工程学院李道亮、中国水产科学研究院东海水产研究所张胜茂为核心，形成主要的合作网络，但作者的中心度均为0，合作关系大多存在于机构内部，跨机构的合作较少。

表2-2　国内高发文量作者TOP20

序号	发文量/篇	中心度	年份	作者
1	13	0	2005	赵德安
2	12	0	2008	李道亮
3	12	0	2005	刘星桥
4	11	0	2016	张胜茂
5	10	0	2013	陈新军
6	7	0	2010	史兵
7	6	0	2013	刘世晶
8	6	0	2021	朱明
9	5	0	2011	孙月平
10	4	0	2010	欧阳海鹰
11	4	0	2019	刘慧
12	4	0	2015	樊伟
13	4	0	2013	汪金涛
14	4	0	2009	刘兴国
15	4	0	2013	汤涛林
16	4	0	2011	张新荣
17	4	0	2008	于红
18	4	0	2011	蒋建明
19	4	0	2019	曹守启
20	3	0	1997	刘国平

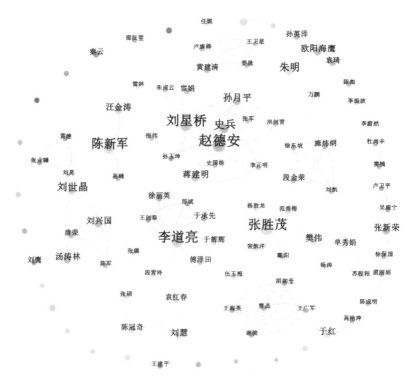

图2-3　国内文献作者共现知识图谱

2.2.4　研究主题关键词共现分析

　　文献中出现的高频关键词（表2-3）可以在一定程度上反映领域研究的热点所在，智慧渔业技术领域的高频关键词有水产养殖、物联网、渔业、溶解氧、神经网络、水质监测、深度学习以及传感器等。对研究主题进行关键词共现分析（图2-4），可见围绕水产养殖、物联网和渔业3个高频关键词，形成复杂的关键词网络，以水产养殖为核心，辐射到的高频关键词有神经网络、溶解氧、图像处理和环境监测等；以物联网为核心，辐射到的高频关键词有数据库、渔业管理、海洋渔业等；以渔业为核心，辐射到的高频关键词有信息技术、数字化、信息资源以及共建共享等。对关键词进行聚类分析（图2-5），形成水产养殖、渔业、深度学习、海洋渔业、神经网络、物联网、信息技术、水质监测、人工智能、信息感知、转型升级、智能控制十二大类研究重点。

表2-3 国内发文高频关键词TOP20

序号	频次	中心度	年份	关键词
1	140	0.43	1997	水产养殖
2	26	0.16	2013	物联网
3	15	0.13	1996	渔业
4	13	0.02	1997	溶解氧
5	13	0.03	1997	神经网络
6	11	0.05	2011	水质监测
7	10	0.01	2021	深度学习
8	10	0.07	2009	传感器
9	8	0.1	2018	监测
10	8	0.1	2001	养殖
11	7	0.11	2000	专家系统
12	6	0.02	2005	图像处理
13	6	0.04	2008	水质
14	5	0.03	1995	应用
15	5	0.01	2006	智能控制
16	5	0	2011	信息化
17	5	0.09	1996	数据库
18	5	0.19	2000	信息技术
19	5	0.03	1998	单片机
20	4	0.03	1995	海洋渔业

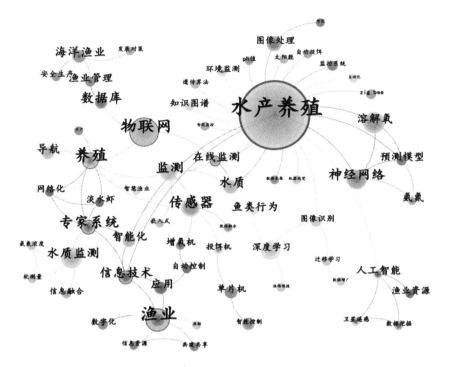

图2-4　国内文献关键词共现知识图谱

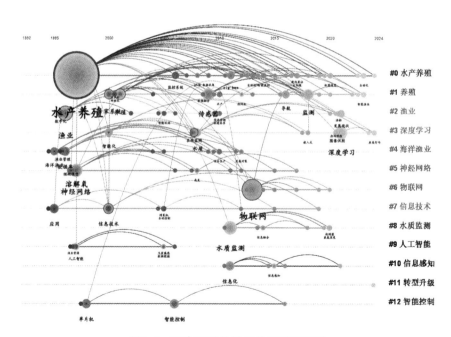

图2-5　国内文献关键词共现时区图谱

2.2.5　研究重点演进

利用CiteSpace绘制国内智慧渔业技术领域文献的关键词共现时区图谱（图2-5），结合关键词词频，可以发现，本技术领域的发展可以分为4个阶段：1992—2005年，数据库与神经网络阶段；2006—2012年，智能控制与传感器阶段；2013—2019年，物联网阶段；2020年至今，深度学习阶段。

在数据库与神经网络阶段，相关的研究有基于网络的上海海洋大学渔业信息系统的设计与实施，以专题数据库形式，实现学校优势学科、特色专业信息资源的共享与交流；依托数字中国大框架，建立网络环境下的渔业地理信息系统，以分布式数据库的形式把分散在全国的渔业信息通过互联网联系起来，利用WebGIS技术建成我国空间渔业信息基础平台；另外还有渔业船舶管理信息系统的设计与开发等。

在智能控制与传感器阶段，相关的研究有在云计算的开放架构下引入边缘智能的协同控制技术，建立起深远海养殖平台的分布式智能控制模式；针对复杂的池塘养殖系统，采用模糊逻辑控制的方法，实现投饲的智能控制；针对水产养殖中常见的网箱和池塘养殖环境，采用无线传感器网络技术，设计水产养殖监测系统，实现对水产养殖各种环境因子的实时监测。

在物联网阶段，相关的研究有利用单片机技术、物联网技术和测控技术综合集成建立成本低廉、控制精度高的水产养殖环境因子测控与智能化控制系统；集成无线传感器网络、远程信息传输、远端后台监控等多种技术方法，设计基于物联网的内河小型渔船动态信息监控系统；由数据采集系统、视频监控系统、无线传输系统、远程控制系统、数据处理系统和专家系统组成水产养殖物联网系统。

在深度学习阶段，相关的研究有采用深度学习的方法实现青蟹高精度的表型数据测量模型和蜕壳检测模型；利用图像识别技术结合病鱼检测的相关知识，使用计算机分析视频中的鱼体表异常来评估鱼的健康状况代替人工鱼病检测；利用迁移学习或强化学习等方法来拓展识别目标种类及增强检测模型，利用高精度的特征提取网络提高目标分类准确率，通过边缘计算技术解决电子监控数据实时解析及制定统一标准以规范电子监控在渔业管理中的应用。

2.3 国际研究态势

2.3.1 发文量

从国际智慧渔业技术领域文献的发文趋势看（图2-6），2010—2017年发文量整体数量较少，2018年之后，发文量迎来大幅增长，2023年发文量最高，为44篇。整体而言，近年来国际上本领域的研究成果呈快速增长趋势，发展势头迅猛，进入蓬勃发展期。

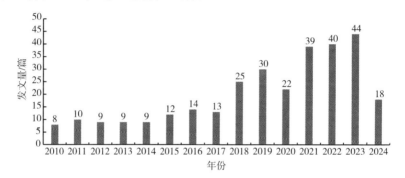

图2-6　国际文献发文趋势

2.3.2 国家/地区分析

智慧渔业技术领域，国际上发文量最高的国家是中国，有98篇文献，数量遥遥领先其他国家，其次是美国，发文51篇。英国、澳大利亚、西班牙以及加拿大等国的发文量也位居前列（表2-4）。利用CiteSpace绘制国家/地区共现知识图谱（图2-7），苏格兰中心度最高，为0.83，与其他国家/地区的合作关系最紧密，比利时、荷兰、加拿大、德国以及西班牙等国中心度也比较高，位于合作网络的中心，产生的国际合作比较频繁。中国、美国、英国和澳大利亚等虽然发文量较高，但合作网络稀疏，中心度低，需要加强国际交流。

表2-4　国际高发文量国家/地区TOP20

序号	发文量/篇	中心度	年份	国家
1	98	0.16	2010	PEOPLES R CHINA（中国）
2	51	0.2	2010	USA（美国）

（续表）

序号	发文量/篇	中心度	年份	国家
3	22	0.17	2010	ENGLAND（英国）
4	22	0	2014	AUSTRALIA（澳大利亚）
5	18	0.27	2012	SPAIN（西班牙）
6	18	0.39	2011	CANADA（加拿大）
7	13	0.17	2016	NORWAY（挪威）
8	12	0	2012	INDIA（印度）
9	11	0.07	2011	FRANCE（法国）
10	9	0.19	2012	ITALY（意大利）
11	9	0.66	2019	NETHERLANDS（荷兰）
12	8	0.12	2017	PORTUGAL（葡萄牙）
13	8	0.08	2010	JAPAN（日本）
14	8	0.83	2010	SCOTLAND（苏格兰）
15	7	0	2012	MEXICO（墨西哥）
16	6	0.05	2016	CHILE（智利）
17	6	0.31	2018	GERMANY（德国）
18	6	0.21	2010	SWEDEN（瑞典）
19	5	0.04	2011	MALAYSIA（马来西亚）
20	5	0.07	2017	BRAZIL（巴西）

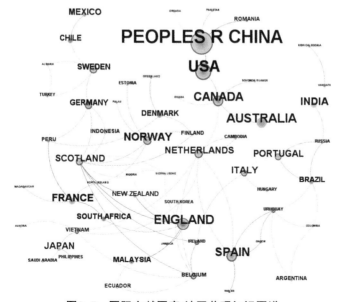

图2-7　国际文献国家/地区共现知识图谱

2.3.3　机构分析

　　智慧渔业技术领域，国际上的高发文量机构（表2-5）有中国农业大学、农业农村部、国家科学研究中心、美国国家海洋大气管理局以及联邦科学与工业研究组织等。利用CiteSpace绘制机构共现知识图谱（图2-8），可以看出以加州大学系统、美国国家海洋大气管理局以及联邦科学与工业研究组织等高发文量机构为核心，形成密集的合作关系网，与其他机构产生的合作关系最为紧密。国内研究机构中国农业大学、大连海洋大学、江苏师范大学和浙江大学虽然发文量较高，但中心度均为0，需要加强国家交流与合作。

表2-5　国际高发文量机构TOP10

序号	发文量/篇	中心度	年份	机构
1	22	0	2010	China Agricultural University（中国农业大学）
2	10	0	2013	Ministry of Agriculture & Rural Affairs（农业农村部）
3	7	0.01	2011	Centre National de la Recherche Scientifique（CNRS）（国家科学研究中心）
4	7	0.02	2015	National Oceanic Atmospheric Admin（NOAA）-USA（美国国家海洋大气管理局）
5	7	0	2014	Commonwealth Scientific & Industrial Research Organisation（CSIRO）（联邦科学与工业研究组织）
6	7	0.02	2010	University of California System（加州大学系统）
7	7	0	2019	Chinese Academy of Sciences（中国科学院）
8	6	0	2018	Shanghai Ocean University（上海海洋大学）
9	6	0.02	2015	Centre for Environment Fisheries & Aquaculture Science（环境渔业与水产养殖科学中心）
10	6	0	2015	Dalian Ocean University（大连海洋大学）
11	5	0.01	2018	CSIRO Oceans & Atmosphere（澳大利亚联邦科学与工业研究组织）
12	5	0.01	2011	Ifremer（法国海洋研究所）

序号	发文量/篇	中心度	年份	机构
13	5	0.01	2012	CSIC-Centro Mediterraneo de Investigaciones Marinas y Ambientales（CMIMA） （地中海码头环境调查中心）
14	5	0.01	2012	CSIC-Instituto de Ciencias del Mar（ICM） （海洋科学研究所）
15	4	0	2010	Jiangsu Normal University （江苏师范大学）
16	4	0.02	2011	Fisheries & Oceans Canada （加拿大渔业及海洋部）
17	4	0	2018	Zhejiang University （浙江大学）
18	4	0.01	2010	University of California Santa Barbara （加州大学圣塔芭芭拉分校）
19	3	0	2011	Michigan State University （密歇根州立大学）
20	3	0	2011	Technical University of Denmark （丹麦技术大学）

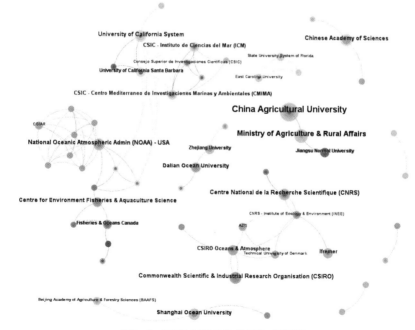

图2-8　国际文献机构共现知识图谱

2.3.4 研究主题关键词共现分析

对智慧渔业技术领域国际发文的研究主题进行关键词共现分析（表2-6），可见围绕管理、鱼、增长、深度学习、系统、保护、模型以及气候变化等高频关键词，形成研究主题的交叉，对研究主题进行聚类分析（图2-9），形成九大类研究重点，即社会网络（social network analysis）、无线传感器网络（wireless sensor network）、贝叶斯置信网络（bayesian belief network）、决策树（decision trees）、三孔中空纤维（tri-bore hollow fiber）、卷积神经网络（convolutional neural networks）、孔雀绿（malachite green）、海洋空间规划（marine spatial planning）、深度学习（deep learning）。

表2-6　国际发文高频关键词TOP20

序号	频次	中心度	年份	关键词
1	49	0.2	2014	management（管理）
2	18	0.17	2015	fish（鱼）
3	13	0.22	2016	growth（增长）
4	12	0.07	2020	deep learning（深度学习）
5	12	0.15	2018	system（系统）
6	11	0.07	2012	conservation（保护）
7	11	0	2018	model（模型）
8	11	0.21	2013	climate change（气候变化）
9	10	0.07	2015	social network analysis（社会网络分析）
10	9	0.07	2015	governance（治理）
11	8	0.24	2017	abundance（丰度）
12	7	0.22	2011	behavior（行为）
13	6	0.15	2010	design（设计）
14	6	0.02	2016	impacts（影响）
15	6	0	2020	framework（框架）
16	6	0.1	2022	attention mechanism（注意机制）
17	6	0.06	2021	prediction（预测）
18	6	0.14	2020	sustainability（可持续性）
19	5	0.06	2012	community（社区）
20	5	0.18	2014	dynamics（动力学）

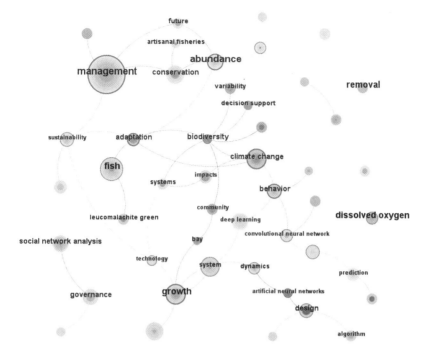

图2-9　国际文献关键词共现知识图谱

2.3.5　研究重点演进

利用CiteSpace绘制国际智慧渔业技术领域文献的关键词共现时区图谱（图2-10），结合关键词词频，可以发现，本技术领域的发展可以分为3个阶段：2010—2015年，渔业管理和社会网络分析阶段；2016—2020年，深度学习和卷积神经网络阶段；2021年至今，渔业小型化和预测机制阶段。

渔业管理和社会网络分析阶段，相关的研究有利用贝叶斯网络建模方法，研究多物种个体渔业空间区位选择的社会和生态驱动因素，以增强个体渔业的有效管理；龙虾渔业社会生态系统（SES）诊断框架，在南加州实施案例和可持续性评估，将SES框架研究应用于实际渔业管理；将欧洲共同渔业政策（CFP）改革中提供的基于生态系统的管理与其中预见的具体措施和制度框架进行了对比，基于生态系统的欧盟渔业管理的成功更多地取决于措施的具体实施和附带的激励措施。

深度学习和卷积神经网络阶段，相关的研究有基于卷积神经网络和机器视觉评估水产养殖鱼类摄食强度，鱼类摄食强度分级精度达到90%；用于野外水下鱼类探测的深度网络系统，算法由基于区域的卷积神经网络组成，对鱼类目标进行鲁棒检测和计数；基于深度学习架构的普通鲤鱼无损新鲜度诊断方法，利用卷积神经网络自动提取高效特征，分类准确率达到98.21%。

渔业小型化和预测机制阶段，相关的研究有东地中海小型渔业的行为模式、空间利用和着陆构成；美国的小规模海洋渔业，按重量计算，这类渔业占美国商业捕捞总量的1%～25%，占总价值的68%；利用电子监测和自动识别系统实现渔业异常自动检测。

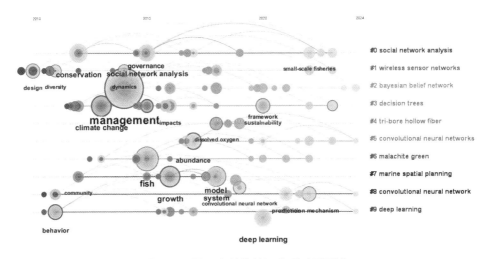

图2-10　国际文献关键词共现时区图谱

2.4　专利技术分析

2.4.1　数据来源

专利数据来源于智慧芽（PatSnap）全球专利数据库。设置检索条件为关键词/检索式：（TAC_ALL：（"渔业"OR"水产养殖"OR"海上捕鱼"OR"海洋捕捞"OR"淡水养殖"OR"深海垂钓"OR"渔具"OR"鱼类"OR"渔获量"OR"fishery"OR水产）OR IPC：（Y02A40/80 OR Y02A40/81 OR A01K61/OR A01K63/）OR（TACD_

ＡＬＬ：（"渔业"ＯＲ"水产养殖"ＯＲ"海上捕鱼"ＯＲ"海洋捕捞"ＯＲ"淡水养殖"ＯＲ"深海垂钓"ＯＲ"渔具"ＯＲ"鱼类"ＯＲ"渔获量"ＯＲ"fishery"ＯＲ水产）ＡＮＤ ＩＰＣ_ＣＰＣ：（G06Q50/02）））ＡＮＤ（ＴＡ_ＡＬＬ：（智慧ＯＲ智能ＯＲ神经网络ＯＲ图像识别ＯＲ计算模型ＯＲ无人ＯＲ自动化ＯＲ机器人）ＯＲ ＩＰＣ：（G06）），在170个受理局中，搜索出18 322组专利申请，其中，发明专利占76.2%，专利趋势如图2-11所示。智慧渔业技术领域专利申请始于2005年，至今一直呈稳定增长趋势，2021年专利申请/授权量最高，但在2016年之后，授权占比出现下降，说明该技术领域的专利在经历爆发式增长之后，开始进入稳定发展时期。

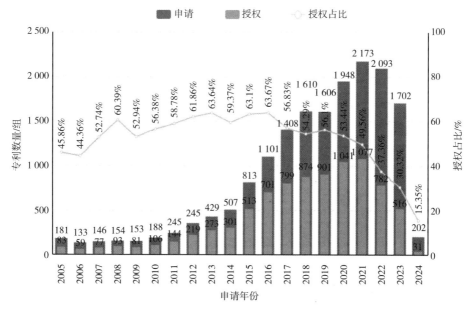

图2-11 全球专利趋势

2.4.2 专利法律状态

从智慧渔业技术的全球专利法律状态看（图2-12），有效专利占33.40%，失效专利占42.16%，说明很大部分专利在授权后并没有进行持久保护。

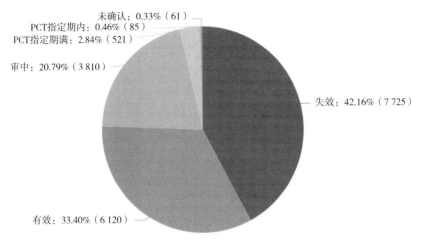

图2-12　全球专利法律状态

2.4.3　技术来源国/地区与目标市场国/地区

智慧渔业技术领域专利的技术来源国/地区与目标市场国/地区分别见图2-13、图2-14。从技术来源国/地区来看，中国占比最高，为63.75%，其次是韩国、美国、日本以及印度等；从目标市场国/地区来看，中国占比最高，为63.45%，其次为韩国、日本、美国、世界知识产权组织以及印度。我国是海洋大国，不管在专利技术申请还是布局方面，均在全球占据超过半数的比重，可见智慧渔业技术领域在全球具有一定的影响力。

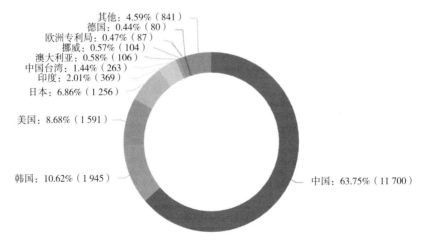

图2-13　全球专利技术来源国/地区

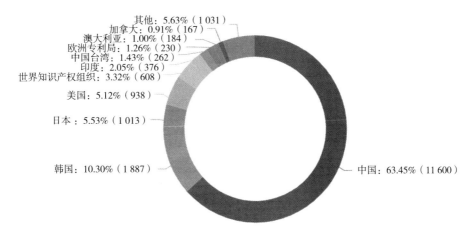

图2-14　全球专利技术目标市场国/地区

2.4.4　主要申请人及合作关系

　　智慧渔业技术领域专利的主要申请人有上海海洋大学、浙江海洋大学、中国农业大学、浙江大学、中国水产科学研究院南海水产研究所以及中国水产科学研究院渔业机械仪器研究所等，可见这些申请量高的机构均来自我国，这与我国整体专利申请数量高的情况保持一致。从合作关系看，以专利申请量高的机构为核心，形成合作网络，但未见有跨国合作，国际合作需要加强。

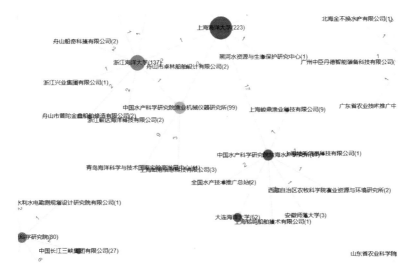

图2-15　全球专利申请人合作关系

2.4.5 技术主题与领域

智慧渔业技术领域专利的技术主题（图2-16）主要有A01K61水生动物的养殖、G06Q50信息和通信技术、A01K63装活鱼的容器、G06N3基于生物学模型的计算机系统以及G06T7图像分析等。技术领域（图2-17）主要集中在水产养殖、机器人、传感器、管理系统、服务器、人工智能以及自动化等方面。

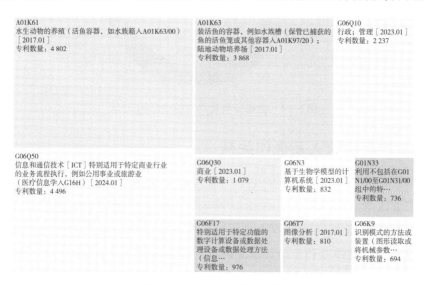

图2-16 全球专利技术主题

图2-17 全球专利技术领域

2.4.6 专利市场价值

智慧芽专利价值计算模型遵循QS9000质量标准——FMEA（Failure Mode and Effect Analysis，实效模式与影响分析）管理模式，智慧渔业技术领域的专利总价值450 878 600美元，价值区间见图2-18。其中，1 000～30 000美元的专利有6 915组，占比最高，高价值专利较少。

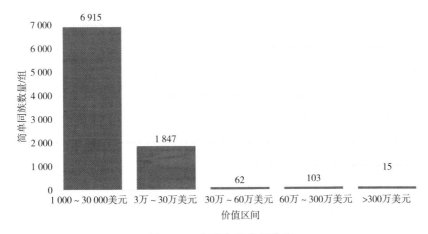

图2-18 全球专利市场价值

2.5 未来研究重点

采用文献计量和专利分析的方法，对目前智慧渔业技术领域的研究成果进行分析，与国际上强劲的发展势头相比，我国的研究仍处于稳定发展时期，暂未形成大量具有国际影响力的学术成果，研究机构的国内、国际合作均相对较少，未来可以多与苏格兰、比利时、荷兰、加拿大、德国以及西班牙等国进行交流学习。在研究重点方面，我国的研究重点演进为数据库与神经网络阶段——智能控制与传感器阶段——物联网阶段——深度学习阶段，国际的研究重点演进为渔业管理和社会网络分析阶段——深度学习和卷积神经网络阶段——渔业小型化和预测机制阶段，二者既有重合又各有侧重，整体来说我国的研究重点和国际趋势大体吻合。

3 智慧渔业信息感知与获取技术

传感器技术是智慧渔业概念中的一项关键技术，是现代渔业信息化技术的核心，是实现自动检测和自动控制的首要环节，具有微型化、数字化、智能化、多功能化、系统化、网络化等特点。通过传感器采集获取各种信息和数据，再经由信号传递模块和后台解析技术，将抽象的渔业信息转换成数字信号，实现被测对象物理量、化学量和生物量等非电量测量，对促进渔业生产活动的发展具有重要意义。

3.1 养殖水体传感器

水产养殖是在人工控制前提下繁殖、培育和收获的生产活动，一般包括在人工饲养管理下从苗种养成水产品的全过程。广义上也可包括水产资源增殖。本节主要介绍水产养殖中常用的传感器类型。

3.1.1 水温传感器

水温传感器（图3-1）是一种用于测量液体（水）温度的设备，通常被用于汽车发动机冷却系统、船舶舱室温控系统、工业生产过程中的液体温度监测、家庭热水器和洗衣机等家用电器中，以确保液体在正常温度范围内运行。

3.1.1.1 水温传感器分类

水温传感器有多种结构，按照传感器材料及电子元件特性包括热电

图3-1 水温传感器

偶、电阻温度传感器和热敏电阻。电阻温度传感器（RTDS）通过金属的电阻随温度的改变而改变。

按照形状分类，水温传感器可以分为插入式和嵌入式两种。按照输出信号分类，水温传感器可以分为模拟型和数字型两种。

3.1.1.2 水温传感器工作原理

（1）金属膨胀原理设计的传感器。金属在环境温度变化后会产生一个相应的延伸，因此传感器可以以不同方式对这种反应进行信号转换。

（2）双金属片式传感器。双金属片由两个不同膨胀系数的金属贴在一起组成，随着温度的变化，一种金属比另外一种金属膨胀程度要高，引起金属片弯曲。弯曲的曲率可以转换成一个输出信号。

（3）双金属杆和金属管传感器。随着温度升高，金属管长度增加，而不膨胀钢杆的长度并不增加，这样由于位置的改变，金属管的线性膨胀就可以进行传递。反过来，这种线性膨胀可以转换成一个输出信号。

（4）液体和气体的变化曲线设计的传感器。在温度变化时，液体和气体同样会相应产生体积的变化。多种类型的结构可以把这种膨胀的变化转换成位置的变化，这样产生位置的变化输出（电位计、感应偏差、挡流板等）。

（5）电阻传感。金属随着温度变化，其电阻值也发生变化。对于不同金属，温度每变化1℃，电阻值变化是不同的，而电阻值又可以直接作为输出信号。

（6）热电偶传感。热电偶由两个不同材料的金属线组成，末端焊接在一起。测出不同加热部位的环境温度，就可以准确知道加热点的温度。

此外，还有一些水温传感器采用了其他原理，如红外线传感器和压电晶体传感器。

3.1.2 溶解氧传感器

溶解氧就是反映水质好坏的重要参数之一。水中的溶解氧值一旦过低，会造成水生生物呼吸困难，对其生存造成威胁。

3.1.2.1 溶解氧

溶解氧指的是溶解于水中的氧的含量，以每升水中氧气的毫克数来表示，以分子状态存在于水中。溶解氧含量是水质的重要指标之一，也是水体净化的重要因素之一。

水中溶解氧的含量与氧分压、水温及含盐量等因素有关。

（1）氧分压。在水温、含盐量一定时，水中溶解氧的饱和含量随着液面上氧气分压的增大而增大。

（2）水温。在氧气分压、含盐量一定时，溶解氧的饱和含量随着水温的升高而降低。低温下溶解氧的饱和含量随温度的变化更加显著。

表3-1　温度饱和溶解氧对照

温度（℃）	溶解氧（mg/L）	温度（℃）	溶解氧（mg/L）	温度（℃）	溶解氧（mg/L）
0	14.60	16	9.86	32	7.30
1	14.22	17	9.64	33	7.17
2	13.80	18	9.47	34	7.06
3	13.44	19	9.27	35	6.94
4	13.08	20	9.09	36	6.84
5	12.76	21	8.91	37	6.72
6	12.44	22	8.74	38	6.60
7	12.11	23	8.57	39	6.52
8	11.83	24	8.41	40	6.40
9	11.56	25	8.25	41	6.33
10	11.29	26	8.11	42	6.23
11	11.04	27	7.96	43	6.13
12	10.76	28	7.83	44	6.06
13	10.54	29	7.68	45	5.97
14	10.31	30	7.56	46	5.88
15	10.06	31	7.43	47	5.79

（3）含盐量。在水温、氧分压一定时，水的含盐量越高，水中溶解氧的饱和含量越小。海水的含盐量比淡水的含盐量高得多，在相同条件下，溶

解氧在海水中的饱和含量比在淡水中要低得多。

3.1.2.2 溶解氧测量技术

溶解氧传感器（图3-2）是一种用于测量液体中溶解氧浓度的设备，它们在环境监测、水质控制、生物工艺学和水产养殖等领域中得到了广泛应用。

图3-2 溶解氧传感器

3.1.2.3 溶解氧传感器的工作原理

（1）极谱型。电极极谱法测定的主要机理是在两极之间加上恒定电压，促进电子从阴极流向阳极，从而形成一定量的扩散电流。通过测量扩散电流就能获知水中溶解氧的含量，因为一定温度下，水样中的扩散电流和水中溶解氧浓度成正比，通过定量分析，利用仪器就能读出水样中溶解氧的具体数值。

电极中，有黄金环或铂金环作阴极，银/氯化银（或汞/氯化亚汞）作阳极，电解液为氯化钾溶液，阴极外表面覆盖一层透氧薄膜。薄膜可采用聚四氟乙烯、聚氯乙烯、聚乙烯、硅橡胶等透气材料。

阴阳两电极之间外加0.5~1.5V的极化电压，当溶解氧透过薄膜达到黄金阴极表面，在电极上发生如下反应：

阴极被还原：

$$O_2+2H_2O+4e\rightarrow 4OH^-$$

阳极被氧化：

$$4Cl^-+4Ag-4e\rightarrow 4AgCl$$

电极极谱法测定的步骤比较少，使用的仪器设备价格比较低，是目前应用比较标准的水中溶解氧测定方法。

（2）电流法。溶解氧传感器通常包括一个氧气感应电极、一个电解质和一个膜。电解质通常是碱性的，如氢氧化钠。膜是氧气透过的半透膜，通常由聚合物材料制成。

氧气扩散：当将溶解氧传感器浸入含氧液体中时，氧气会通过传感器的膜扩散到电解质中。

氧气还原反应：在电解质中，氧气与电极表面发生还原反应。通常使用银/氯化银电极或铂电极作为电极。还原反应通常可以表示为：

$$O_2+4e+2H_2O \rightarrow 4OH^-$$

在这个反应中，氧气（O_2）被还原成氢氧根离子（OH^-），同时释放出电子。

电流产生：在还原反应中，电子被释放，导致电流的产生。电流的大小与溶解在液体中的氧气浓度成正比。因此，通过测量电流的大小，可以确定液体中的溶解氧浓度。

（3）光学法。荧光法溶解氧传感器是基于物理学中特定物质对活性荧光的猝熄原理。来自一个发光二极管（LED）发出的蓝光照射在荧光帽内表面的荧光物质上，内表面的荧光物质受到激发，发出红光，通过检测红光与蓝光之间的相位差，并与内部标定值比对，从而计算出氧分子的浓度，经过温度和气压自动补偿输出终值。

3.1.3 盐度传感器

3.1.3.1 盐度和盐度传感器

盐度表示每千克水中所含的溶解的盐类物质的量，可以理解为水中盐的浓度。

盐度传感器（图3-3）是一种用于测定溶液中盐浓度大小的传感器。

图3-3 盐度传感器探头

3.1.3.2　盐度传感器使用原理

盐度传感器利用化学或物理法测量水中盐度含量。其中，物理法常用的方法为电导率检测法，即利用电极测定水中的电导率，并据此计算出盐度；而化学法则是测定水中钠离子和氯离子的浓度，从而计算出盐度值。

3.1.4　电导率传感器

3.1.4.1　电导率和电导率传感器

电导率是测量溶液传递或传输电流的能力。电导率这一术语来自欧姆定律，$U=I\cdot R$，其中，电压（U）是电流（I）和电阻（R）的乘积；电阻值由电压/电流求得。当电压通过导体时，电子流动形成电流，电流值大小取决于导体电阻。

电导率传感器（图3-4）是在实验室、工业生产和探测领域里被用来测量超纯水、纯水、饮用水、污水等各种溶液的电导性或水标本整体离子浓度的传感器。

图3-4　电导率传感器

3.1.4.2　电导率感知类型及原理

电导率传感器根据测量原理与方法的不同可以分为电极型电导率传感器、电感型电导率传感器以及超声波电导率传感器。电极型电导率传感器根据电解导电原理采用电阻测量法；电感型电导率传感器依据电磁感应原理实现对液体电导率的测量；超声波电导率传感器根据超声波在液体中的变化对电导率进行测量，其中以前两种传感器应用最为广泛。

（1）电极型电导率传感器。

①类型：电极型电导率传感器有两电极电导率传感器和四电极电导率传感器。

两电极电导率传感器：两电极电导率传感器电导池由一对电极组成，在电极上施加一恒定的电压，电导池中液体电阻的变化导致测量电极的电流发生变化，并符合欧姆定律，用电导率代替电阻率，用电导代替金属中的电阻，即用电导率和电导来表示液体的导电能力，从而实现液体电导率的测量。

四电极电导率传感器：四电极电导池由2个电流电极和2个电压电极组成，电压电极和电流电极同轴，测量时被测液体在2个电流电极间的缝隙中通过，电流电极两端施加了一个交流信号并通过电流，在液体介质里建立起电场，2个电压电极感应产生电压，使2个电压电极两端的电压保持恒定，通过2个电流电极间的电流和液体电导率呈线性关系。

②原理：电极电导率传感器测量溶液的电导率时，电极表面会产生一系列电化学反应，即电极极化效应，从而影响测量精度。采用交流供电可以使电极上通过的电流近似为零，从而大大消除电极对溶液的电解作用；四电极测量体系将电流电极和电压电极分开，进一步消除了电极极化的影响，这样就可以得到被测溶液等效电阻两端的准确电压值。

③关键技术：

电极极化效应的消除：为降低电极极化带来的测量偏差，通常采取提高供电电源的频率、电极极板涂铂黑、加大极板面积等方法。

电容效应的消除：为了消除电容效应，提高测量灵敏度，通常采取2种方法，一是加大液体电阻，这种方法不容易实现；二是提高频率，降低电容容抗。但频率的提高会受到一定的限制，一般是高阻时采用低频，低阻时采用高频。

多电极电导池设计制作：多电极电导池要求每对电极保持严格对称，并相对其他电极的距离固定，这对电极基座的加工提出了很高的要求。电极基座多采用高性能陶瓷材料制作，电极材料多采用高性能金属材料，二者膨胀系数存在较大差异，造成电极的烧结、封装困难。通常采用中间温度系数的过渡材料进行烧结，封装，但效果不是十分理想。

（2）电感型电导率传感器。

①原理：电感型电导率传感器采用电磁感应原理对电导率进行测量，液体的电导率在一定范围内与感应电压/激磁电压成正比关系，激磁电压保持不变，电导率与感应电压成正比。

②特点：电感型电导率传感器具有极强的抗污染能力与耐腐蚀性；不存在电极极化、电容效应，可以用于高电导率液体测量；结构简单，使用方便；制作工艺简单。

③关键技术：

传感器检测器制作封装：激磁线圈与感应线圈需要严格在同一轴线，为了提高测量精度，线匝需要紧密排列，并且线匝之间需要具有良好的屏蔽，降低干扰性耦合的产生。

激励电压、频率：激励电压、频率决定了电感型电导率传感器的灵敏度与线性度，在传感器结构确定的基础上，通过试验确定激励电压、频率等参数，使传感器获得最佳的灵敏度与线性。

检测器微型化：电感型电导率传感器检测由线圈构成，检测器微型化就是将线圈直径减小、减少匝数，线圈直径过小、匝数过少将会影响传感器测量的灵敏度以及测量范围。

（3）超声波电导率传感器。超声波电导率传感器利用超声波穿过样品时的衰减来测量电导率。当超声波穿过材料时，它会与材料内的电子、离子和分子相互作用，从而使声波的能量逐渐减小。通过测量声波的强度变化，可以确定材料的电导率。

3.1.5 pH传感器

3.1.5.1 pH值和pH传感器

酸碱度（Pondus hydrogenii，pH）是水溶液最重要的理化参数之一，描述的是水溶液的酸碱性强弱程度。

pH传感器（图3-5）是一款用来检测被测物中氢离子浓度并转换成相应的可用输出信号的传感器，通常由化学部分和信号传输部分构成。用氢离子玻璃电极与参与电极组成原电池，在玻璃膜与被测溶液中氢离子进行离子交换，通

图3-5　水质pH传感器

过测量电极之间的电位差来检测溶液中的氢离子浓度，从而测得被测液体的pH值。

3.1.5.2 pH传感器的工作原理

pH传感器的工作原理基于电化学原理，其核心部件是一个玻璃电极，该电极内部含有一种对氢离子（H^+）具有选择性的敏感膜。当玻璃电极浸入溶液时，敏感膜与溶液中的氢离子发生反应，产生一个与氢离子浓度（即pH值）成比例的电势差。这个电势差被转换成电流或电压信号，通过电子线路进行放大和处理，最终输出一个与溶液pH值相对应的电信号。

为了确保测量的准确性和稳定性，pH传感器还需要一个参比电极。参比电极的作用是提供一个稳定的电势参考，以消除测量过程中的电势漂移和温度影响。常见的参比电极有甘汞电极和银/氯化银电极等。

3.1.6 浊度传感器

3.1.6.1 浊度和浊度传感器

浊度是指溶液对光线通过时所产生的阻碍程度，它包括悬浮物对光的散射和溶质分子对光的吸收，是衡量水清澈度（即透明度）的指标。

浊度传感器（图3-6）是依据光的散射或透射原理，通过将水样浊度转换为光电信号来测出其浊度大小的传感器。

图3-6　水质浊度传感器

3.1.6.2 浊度传感器工作原理

浊度传感器是利用光学原理，通过液体溶液中的透光率和散射率来综合判断浊度情况。当光束射入水样时，由于水样中浊度物质使光产生散射，通过测量与入射光垂直方向的散射光强度，并与内部标定值比对，从而计算出水样中的浊度，经过线性化处理输出最终值。

3.1.7　叶绿素传感器

3.1.7.1　叶绿素和叶绿素传感器

　　叶绿素是高等植物和其他所有能进行光合作用的生物体含有的一类绿色色素，是浮游植物的主要光合色素，是衡量浮游植物生物量和水体初级生产力的主要指标之一。通过监测叶绿素含量，可以有效地判断水体的富营养化程度，了解水体的生态状况。

　　水质叶绿素传感器（图3-7）是水质监测领域的重要工具。它可以用于监测各种水体（如河流、湖泊、水库等）中的叶绿素含量，帮助评估水体的富营养化程度，预测水华暴发的可能性。同时，对于污水处理厂和工业废水处理过程，传感器也可以提供实时的叶绿素监测，确保处理后的水质达标。

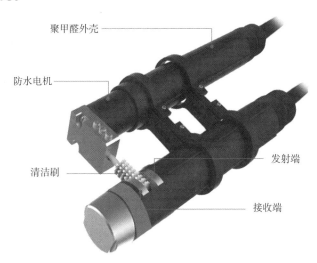

图3-7　水质叶绿素传感器

聚甲醛外壳
防水电机
清洁刷
发射端
接收端

3.1.7.2　叶绿素传感器工作原理

　　水质叶绿素传感器原理主要包括光学原理和光电转换原理。

　　（1）光学原理。水质叶绿素传感器主要基于光吸收原理进行测量。叶绿素分子具有特定的光谱吸收特征，能有效地吸收特定波长的光。当光束通过水样时，其中的叶绿素分子会吸收特定波长的光，导致透射光的光谱发生变化。通过测量透射光和发射光的强度，可以计算出水样中的叶绿素浓度。

　　（2）光电转换原理。叶绿素传感器利用光电转换原理将透射光和发射光的强度转化为电信号。通常，传感器内部会包含一对光源和一对光检测器。当发射光照射到水样时，其中一部分光会被叶绿素分子吸收，另一部分光则会穿透水样并被检测器接收。通过测量两个电信号的差异，可以进一步计算出水样中的叶绿素浓度。

3.2 养殖尾水传感器

在养殖业，由于大量使用饲料、药物和其他添加剂，养殖尾水往往含有高浓度的有机物、氮、磷等污染物，这些污染物如果未经处理直接排放到自然水体中，将对水环境造成极大的破坏。

养殖尾水传感器用于检测水温、pH值、溶解氧、氨氮、亚硝酸盐、硝酸盐、总磷、总氮等关键指标。

3.2.1 三氮传感器

"三氮"，即氨氮、硝酸盐氮和亚硝酸盐氮，是水体中无机氮的主要存在形态，是衡量水体毒理性和富营养化程度的重要指标。

三氮测定的一种常用原理是受控电位法，通过在电极上施加恒定电位来使三氮化合物还原为游离氮气，然后利用传感器测量电池中游离氮气的电流信号，这种方法适用于测定水中的氨氮浓度。

3.2.2 余氯、二氧化氯、臭氧传感器

3.2.2.1 余氯和余氯传感器

"余氯"是一类物质的统称，是液氯或其他含氯消毒剂与水反应后残留在水中的特定物质。余氯按照其组成可以简单地分为两类，一类是化合余氯，即CRC，另一类是游离余氯，即FRC。

余氯传感器（图3-8）采用先进的恒电压原理，用于测量水体中的余氯。该方法利用在极化电极和参比电极之间施加一个稳定的电位势，不同的被测成分在该电位势下产生不同的

图3-8　余氯传感器

电流强度。仪表通过对电流信号的采集和分析计算出被测成分的浓度。余氯传感器结构简单，易于清洁和更换，同时电极使用过程无须更换膜片与试剂，维护简单，确保仪器长期工作的稳定可靠性和准确性。

3.2.2.2　二氧化氯和二氧化氯传感器

二氧化氯，是一种无机化合物，化学式为ClO_2，常温常压下是一种黄绿色到橙黄色的气体。

二氧化氯传感器（图3-9）是一种对余氯不敏感的膜式传感器。不须使用任何试剂，非常稳定，并且大大减少了维护次数，降低了整个使用周期的成本。

二氧化氯传感器适用于冷却系统或水塔、饮用水、包装蔬菜的洗净水、海水氮化厂等。

图3-9　二氧化氯传感器

3.2.2.3　臭氧和臭氧传感器

臭氧的分子式为O_3，是O_2的同素异形体，由3个氧原子组成。臭氧的化学性质活泼，易分解而变成氧气。它的氧化能力很强，其氧化能力在自然界中仅次于氟（F_2），排第二位，高于过氧化氢、高锰酸钾、二氧化氯等氧化剂。

臭氧传感器（图3-10）是一种将臭氧气体的成分、浓度等信息转换成可以被人、仪器仪表、计算机等利用的信息的装置。

臭氧传感器根据检测原理分类如下。

（1）半导体臭氧传感器。此类型传感器制造简单，具有成本低廉、灵敏度高、响应速度快、寿命长、对湿度敏感低和电路简单等优点。不足之处是必须工作于高温下、对气味或气体的选择性差、元件参数分散、稳定性不够理想、功率要求高。

图3-10　数字式臭氧传感器

（2）高分子臭氧传感器。具有易操作、工艺简单、常温选择性好、价格低廉、易与微结构传感器和声表面波器件相结合等特点。

（3）固体电解质臭氧传感器。一种以离子导体为电解质的化学电池，电导率高、灵敏度和选择性好。

（4）光学式臭氧传感器。具有自动校正、自动运行的作用。其主要优点是灵敏度高、可靠性好。

3.2.3　COD传感器

3.2.3.1　COD和COD传感器

化学需氧量（Chemical oxygen demand，COD）指水体中易被强氧化剂氧化的还原性物质所消耗的氧化剂的量，结果折算成氧的量（以mg/L计），是评价水体污染程度的重要综合指标之一，在一定程度上反映水体受还原性物质（有机污染物）的污染情况。

COD传感器是一种用于测量水中化学需氧量的专用仪器。

3.2.3.2　工作原理

许多溶解于水中的有机物对紫外光具有吸收作用。因此，通过测量这些有机物对254nm波长紫外光的吸收程度，可以准确测量水中溶解的有机污染物的含量。

智能型COD传感器采用两路光源，一路紫外光用于测量水中COD含量，一路参比光用于测量水体浊度，另外通过特定算法对光路衰减进行补偿并可在一定程度上消除颗粒状悬浮物的干扰，从而实现更加稳定可靠的测量。

光电比色法COD传感器利用特定波长的光照射水样，通过测量水样中有机物氧化后产生的颜色变化，与标准比色卡进行比较，从而得出COD值。这种方法操作简便，但受光源稳定性、水样浊度等因素影响较大。

电化学法COD传感器则是通过电极反应来测量COD值。这种方法具有较高的灵敏度和准确性，能够实时监测水样COD值的变化。然而，电化学法COD传感器对电极材料的选择、维护以及水样中的干扰物质较为敏感，需要定期校准和维护。

3.3 环境传感器

环境传感器（Environmental sensor）是通过感受规定的被测量件，并按照一定的规律转换成可用信号对环境目标进行监测、识别环境质量状况的一种装置。

环境传感器包括土壤温度传感器、空气温湿度传感器、蒸发传感器、雨量传感器、光照传感器、风速风向传感器等，不仅能够精确地测量相关环境信息，还可以和上位机实现联网，最大限度满足用户对被测物数据的测试、记录和存储。

3.3.1 空气温湿度传感器

空气温湿度传感器是一种能够感知周围空气中温度和湿度的装置。

在湿度测量方面，空气温湿度传感器通常采用电容式或电阻式测量方式。电阻式湿度传感器利用一种吸湿性材料的电阻变化来测量湿度，而电容式传感器则利用介电常数的变化来测量湿度。这些方法都能够准确地测量空气中的湿度。

3.3.1.1 空气温度传感器

温度传感器是指能感受温度并转换成可用输出信号的传感器。按照测量方式可分为接触式和非接触式两大类，按照传感器材料及电子元件特性分为热电阻和热电偶两类。

（1）接触式。接触式温度传感器（图3-11）的检测部分与被测对象有良好的接触，又称温度计。通过传导或对流达到热平衡，从而使温度计的示值能直接表示被测对象的温度。

常用的温度计有双金属温度计、玻璃液体温度计、压力式温度计、电阻温度计、热敏电阻和温差电偶等。

（2）非接触式。感知温度的敏感元

图3-11 接触式温度传感器

件对象互不接触，又称非接触式测温仪表。

最常用的非接触式测温仪表基于黑体辐射的基本定律，称为辐射测温仪表。

辐射测温法包括亮度法（见光学高温计）、辐射法（见辐射高温计）和比色法（见比色温度计）。各类辐射测温方法只能测出对应的光度温度、辐射温度或比色温度。只有对黑体（吸收全部辐射并不反射光的物体）所测温度才是真实温度。至于气体和液体介质真实温度的辐射测量，则可以用插入耐热材料管至一定深度以形成黑体空腔的方法。

非接触式测量，上限不受感温元件耐温程度的限制，因而对最高可测温度原则上没有限制。对于1 800℃以上的高温，主要采用非接触测温方法。随着红外技术的发展，辐射测温逐渐由可见光向红外线（图3-12）扩展，700℃以下直至常温都已采用，且分辨率很高。

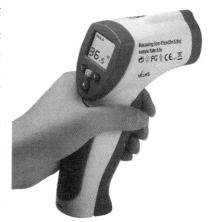

图3-12　红外线测温仪

3.3.1.2　空气湿度传感器

空气湿度传感器（图3-13）主要用来测量空气湿度，感应部件采用高分子薄膜湿敏电容，位于杆头部，这种具有感湿特性的电介质其介电常数随相对湿度而变化。

空气湿度传感器主要用来测量空气湿度，感应部件采用湿敏元件，主要有电阻式、电容式两大类。

（1）湿敏电阻。湿敏电阻利用湿敏材料吸收空气中的水分而导致本身电阻值发生变化这一原理制成。工业上流

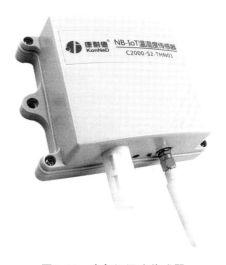

图3-13　空气温湿度传感器

行的湿敏电阻主要有氯化锂湿敏电阻和有机高分子膜湿敏电阻。

湿敏电阻的优点是灵敏度高，主要缺点是线性度和产品的互换性差。

（2）湿敏电容。湿敏电容一般是用高分子薄膜电容制成，常用的高分子材料有聚苯乙烯、聚酰亚胺、醋酸纤维等。当环境湿度发生改变时，湿敏电容的介电常数发生变化，使其电容量也发生变化，其电容变化量与相对湿度成正比。湿敏电容的主要优点是灵敏度高、产品互换性好、响应速度快、湿度的滞后量小、便于制造、容易实现小型化和集成化，其精度一般比湿敏电阻要低一些。

（3）工作原理（分类）。常见的空气湿度传感器有氯化锂湿度传感器、碳湿敏元件、氧化铝湿度计、陶瓷湿度传感器等。

①氯化锂湿度传感器：多片电阻组合式氯化锂湿敏传感器是利用湿敏元件的电气特性（如电阻值），随湿度的变化而变化的原理进行湿度测量的传感器，湿敏元件一般是在绝缘物上浸渍吸湿性物质，或者通过蒸发、涂覆等工艺制备一层金属、半导体、高分子薄膜和粉末状颗粒而制作的，在湿敏元件的吸湿和脱湿过程中，水分子分解出的H^+的传导状态发生变化，从而使元件的电阻值随湿度而变化。

电阻式氯化锂湿度计：第一个基于电阻—湿度特性原理的氯化锂湿敏元件，这种元件具有较好的精度，同时结构简单、价格低廉，适用于常温常湿的测控。

氯化锂元件的测量范围与湿敏层的氯化锂浓度等成分有关。单个元件的有效感湿范围一般在相对湿度20%以内。可用于全量程测量的湿度计组合一般为5个元件，氯化锂湿度计组合法的可测范围一般相对湿度为15%~100%，一些国外产品声称其测量范围相对湿度可达2%~100%。

露点式氯化锂湿度计：露点式氯化锂湿度计是由美国首先研制出来的。其后，我国和许多国家都做了大量的研究工作。该湿度计与上述电阻式氯化锂湿度计相似，但工作原理完全不同。简而言之，它使用氯化锂饱和水溶液的饱和水蒸气气压随温度的变化而工作。

②碳湿敏元件：碳湿敏元件是美国的Carver和Breasefield于1942年首先提出来，与常用的毛发、肠衣和氯化锂等探空元件相比，碳湿敏元件具有响应速度快、重复性好、无冲蚀效应和滞后环窄等优点。我国气象部门于20世

纪70年代初开展碳湿敏元件的研制，并取得了积极的成果，其测量不确定度相对湿度不超过±5%，时间常数在正温时为2~3s，滞差一般在7%左右，比阻稳定性亦较好。

碳湿敏元件与其他湿度传感器相比，具有直流导电、制作方便、电路简单、成本低廉以及抗结露等优点。

③氧化铝湿度计：1941年，Koller首先发表以氧化铝为介质的电容、电阻湿度计并获得了专利权。

20世纪50年代初，Ansbarcher和Jason等继续进行研究，弄清楚了湿敏元件对大气湿度都很敏感。在研究氧化铝结构的基础上，提出并联等效电路理论。美国的Pana公司经过7年的研制，于1971年开始生产氧化铝湿度计。

氧化铝湿度计一般由传感器、传感元件参数测量单元和显示器3部分组成。

④陶瓷湿度传感器：陶瓷湿度传感器主要由湿度感应元件、电路板、外壳和连接线组成。湿度感应元件是传感器的核心部分，通常采用陶瓷材料制成。电路板是传感器的控制部分，它用于接收湿度感应元件的电阻变化，并将其转换为与湿度值相对应的电信号，电路板通常由微处理器、放大电路和模数转换电路等组成。外壳是传感器的保护部分，主要用于保护湿度感应元件和电路板不受外界环境的干扰。连接线用于传输电信号和供电信号，将传感器与其他设备连接起来。

陶瓷湿度传感器的工作原理是湿度感应元件的电阻随环境湿度的变化而变化，电路板将电阻变化转换为电信号，并通过连接线传输给其他设备。

陶瓷湿度传感器具有结构简单、响应速度快、测量精度高等优点。

3.3.2 光照度传感器

3.3.2.1 光照度传感器

光照度传感器（图3-14）是一种用于检测光照强度（简称照度）的传感器，工作原理是将光照强度值转为电压值。根据检测光照强度方式的不同，主要分为对射式光电传感器、漫反射式光电传感器、反射式光电传感器、槽形光电传感器、光纤式光电传感器。

（1）对射式光电传感器。对射式光电传感器就是指组成传感器的发射器和接收器是分开放置的，发射器发射红外光后，会经过一定距离的传输后才能到达接收器的位置处，并且与接收器形成一个通路，当需要检测的物体通过对射式光电传感器时，光路就会被检测物体所阻挡，这时接收器就会及时地反应并输出一个开关控制信号。

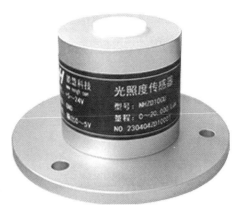

图3-14　光照度传感器

（2）漫反射式光电传感器。这种传感器的检测头内部也是装有发射器和接收器的，但是并没有反光板。一般情况下，接收器是无法接收到发射器所发出的光的。但是，当需要检测的物体通过光电传感器时，物体会将光线发射回去，接收器接收到光信号，输出一个开关控制信号。漫反射式光电传感器大多应用在自动冲水系统中。

（3）反射式光电传感器。在一个接头装置的内部同时装有发射器、接收器以及反光板。发射器所发出的光电在发射原理的作用下会发射给接收器，这种光电控制的作用也就是所谓的发光板反射式的光电开关。通常情况下，反光板会将发射器所发射的光反射回去，接收器可以接收到。当检测的物体挡住了光路，接收器就接收不到反射光，这时开关就会产生作用，输出开关信号。

（4）槽形光电传感器。通常也被叫做U形光电开关，在U形槽的两侧分别装有发射器和接收器，并且两者形成一个统一的光轴。当所检测的物体通过U形槽时，光轴就会被隔断，这时光电开关就会产生反应，输出开关信号。槽形光电开关的稳定性和安全性都很高，所以一般用于透明物体、半透明物体以及高速变化物体的检测工作中。

（5）光纤式光电传感器。这种光电传感器的工作原理就是将光源处的光用光纤接到检测点的位置处，调制区内部的光会与待测的物体相互作用，从而改变光的光学性质，之后光接收器就会接收到监测点位置处的光信号，也就形成了光纤式光电开关。

3.3.2.2　光照度传感器检测原理

　　光照度传感器的工作原理基于光敏元件对光照强度的敏感性。它通过将光能转换为电信号来实时监测光照水平并提供反馈信息。

　　当环境中有光照射到光敏元件上时，光能激发光敏元件内的载流子产生变化，从而导致其电阻、电压或电流发生相应变化。这个变化的幅度与光照强度呈正相关关系。

3.3.2.3　光照度传感器特点

　　（1）精度高。可以提供高精度的光照强度测量和控制，可以满足不同应用场景的要求。

　　（2）稳定性好。具有良好的稳定性和重复性，能够在不同光照条件下持续工作，并能够保持较高的准确性。

　　（3）适应性强。可以适应不同光照条件下的测量和控制要求，可以广泛应用于自动化控制、环境监测、照明设计等多个领域。

　　（4）响应速度快。响应速度可以达到微秒级别，能够快速响应光照强度变化，实现高效的光照控制和测量。

3.3.3　大气压力传感器

3.3.3.1　压力和大气压力传感器

　　压力是单位面积上施加在表面上的力的表达，在气象学中，将单位面积上大气柱在单位面积上所施加的压力，称为大气压力。

　　大气压力传感器（图3-15）是指能感受外界气压变化转换成可用输出信号的传感器，主要用于测量气体的绝对压强的传感器。

　　（1）按工作原理分类。

　　①液体气压表：它是依据流体静力学原理，利用液体柱重量与压力平衡的方法测定大气压力，如各种水银气压表。

图3-15　大气压力传感器

②弹性元件测气压仪器：利用弹性元件与压力平衡的原理测定大气压力，如各种膜盒测量气压仪器。

③气体气压表：基于气体压力作用原理的测量仪表，将气体压力的大小以数值或指针的形式直观表示出来。

④沸点气压表：利用液体的沸点随外界大气压力的变化而变化的原理制成的气压表。

⑤固体元件气压表：依据元件的压电、压阻等电效测量大气压力。

（2）按测量方式分类。

①微差式测量：微差式测量是综合了偏差式测量与零位式测量的优点而提出的一种测量方法。它将被测量与已知的标准相比较，取得差值后，再用偏差法测得此差值。

②偏差式测量：偏差式测量法是指在测量过程中，用仪器表指针的位移（即偏差）来表示被测量的测量方法。

应用偏差式测量时，仪表刻度事先用标准器具标定，在测量时，输入被测量，按照仪表指针标识在标尺上的示值，决定被测量的数值。

③零位式测量：零位式测量是指测量时用被测量与标准量相比较，用指零仪表指示被测量与标准量相等（平衡），从而获得被测量。用指零仪表的零位指示检测测量系统的平衡状态，在测量系统平衡时，用已知的标准量决定被测量的量值的测量方法。

3.3.3.2 大气压力传感器工作原理及分类

（1）工作原理。大气压力传感器的工作原理基于压力传感技术，传感器通常由感应元件和信号处理电路两部分组成。

①感应元件：感应元件是大气压力传感器的核心部分，用于将气压信号转化为电信号。常见的感应元件有谐振型、应变型和压阻型。谐振型大气压力传感器基于共振频率的变化来测量气压。应变型传感器是利用应变电阻、应变片或应变片阵列来测量气压。压阻型传感器则通过改变导电氧化物的阻值来实现气压测量。

②信号处理电路：感应元件通过信号传输线将电信号传输给信号处理电路，进行放大、滤波和转换等处理，最终输出想要的电压或电流信号。信号

处理电路的设计直接影响传感器的测量精度和稳定性。

（2）分类。常用大气压力传感器从感测原理来区分，主要包括硅压阻技术、陶瓷电阻技术、玻璃微熔技术、陶瓷电容技术四大类。

①硅压阻技术：硅压阻技术由半导体的压阻特性来实现，半导体材料的压阻特性取决于材料种类、掺杂浓度和晶体的晶向等因素。

②陶瓷电阻技术：陶瓷电阻技术采用厚膜印刷工艺将惠斯通电桥印刷在陶瓷结构的表面，利用压敏电阻效应，实现将介质的压力信号转换为电压信号。陶瓷电阻技术具有成本适中、工艺简单等优势，目前国内有较多厂家提供陶瓷电阻压力传感器芯体。

③玻璃微熔技术：玻璃微熔技术采用高温烧结工艺，将硅应变计与不锈钢结构结合。硅应变计等效的4个电阻组成惠斯通电桥，当不锈钢膜片的另一侧有介质压力时，不锈钢膜片产生微小形变引起电桥变化，形成正比于压力变化的电压信号。

④陶瓷电容技术：陶瓷电容技术采用固定式陶瓷基座和可动陶瓷膜片结构，可动膜片通过玻璃浆料等方式与基座密封固定在一起。两者之间内侧印刷电极图形，从而形成一个可变电容，当膜片上所承受的介质压力变化时，两者之间的电容量随之发生变化，通过调理芯片将该信号进行转换调理后输出给后级使用。

3.3.4 二氧化碳（CO_2）传感器

3.3.4.1 二氧化碳和CO_2传感器

二氧化碳是一种无色无味的气体，是空气的重要组成部分。二氧化碳（CO_2）在水中主要以溶解气体分子形式存在，但也有很少一部分与水作用形成碳酸，通常将二者的总和称为游离二氧化碳。

二氧化碳传感器（图3-16）可以检测水中二氧化碳的浓度，并将其转化为信息输出。

图3-16 二氧化碳传感器

3.3.4.2 测量原理

CO_2传感器内部含有气体渗透性硅胶膜，而液体和固体不能通过该膜。当传感器与样品接触时，CO_2气体被吸入一个测量室，测量室的一端装有光源而另一端装有滤光镜和探测器，这样在传感器内容物和样品之间实现了CO_2分压平衡。传感器内置一个光学探头，其工作原理是基于单光束双波长近红外光来测量CO_2分压（PCO_2），再联合水温和气压的测量数值，一起来计算CO_2浓度。

根据原理不同，可以分为固态电解质式、电容式、热导型、非色散红外型等不同类型。

3.3.4.3 非分散红外（NDIR）吸收原理

红外二氧化碳传感器是由红外光源、光路、红外探测器、电路和软件算法组合而成的，基于非分散红外（NDIR）技术，可以用于检测二氧化碳浓度的光学传感器。传感器内部有一个光谱的光源发射红外线，光线穿过光路中的被测气体，透过窄带滤波片，到达红外探测器（图3-17）。

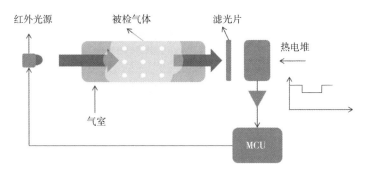

图3-17　NDIR红外吸收原理示意图

由于气体分子近红外光谱选择吸收的特性，不同物质分子会选择性吸收一定波长的光。对于二氧化碳气体而言，二氧化碳气体在$4.26\mu m$红外区有一个吸收峰，在此波长下，氧气、氮气、一氧化碳、水蒸气等气体都没有明显的吸收。因此通过计算二氧化碳气体浓度与吸收强度之间的关系，即可测算出二氧化碳气体的浓度。

3.3.5　太阳总辐射传感器

3.3.5.1　太阳总辐射和太阳总辐射传感器

太阳总辐射包括太阳直射辐射和散射辐射两部分。太阳直射辐射是指直接从太阳射到地球表面的辐射，而散射辐射是指被大气层散射后到达地表的辐射。太阳总辐射传感器可以同时测量这两部分辐射的能量，并将其加和得到太阳总辐射的能量。

太阳总辐射传感器（图3-18）是一种重要的地面气象观测仪器，也是太阳能资源普查与光伏电站运行监控领域不可或缺的装备。

辐射传感器采用高精度的感光元件，宽光谱吸收，全光谱范围内吸收量高，稳定性好；同时感应元件外安装透光率高达95％的防尘罩，防尘罩采用特殊处理，减少灰尘吸附，有效防止环境因素对内部元件的干扰，能够较为精准地测量太阳辐射量。

图3-18　太阳总辐射传感器

3.3.5.2　太阳总辐射传感器分类

（1）太阳总辐射传感器是用于测量太阳总辐射（包括可见光、紫外线和红外线）的一种设备。这些传感器可以分为以下几种类型。

①热电偶太阳辐射传感器：热电偶太阳辐射传感器使用两种不同金属之间的热电效应来测量辐射的温度。

②硅太阳辐射传感器：硅太阳辐射传感器利用硅的光电效应来测量太阳辐射。

③光伏太阳辐射传感器：光伏太阳辐射传感器利用半导体材料的光电转换效应来测量太阳辐射。

④红外太阳辐射传感器：红外太阳辐射传感器使用红外线探测器来测量太阳辐射。

（2）太阳总辐射传感器根据其测量原理和功能可分为以下几种类型。

①日射强度计：这些传感器测量水平表面上接收到的总太阳辐射（直接辐射和漫射辐射），它们广泛应用于气象站、太阳能系统和农业研究。

②直接辐射计：直接辐射计设计用于测量直接太阳辐射，也称为直接法向辐照度（DNI），它们用于太阳能资源评估、太阳能系统设计和大气研究。

③地面辐射强度计：地面辐射强度计测量地球表面和大气层发射的长波红外辐射，它们对于研究地球的能源预算、气候研究和天气预报至关重要。

④紫外线传感器：紫外线传感器专门测量太阳的紫外线辐射水平，它们应用于监测人类健康目的的紫外线照射、环境监测和紫外线灭菌过程。

⑤光谱辐射计：光谱辐射计测量整个电磁频谱的太阳辐射，提供详细的光谱信息，它们用于太阳能研究、大气研究和材料表征。

3.3.5.3　光合有效辐射计量系统

太阳辐射中对植物光合作用有效的光谱成分称为光合有效辐射，波长范围为380～710nm，与可见光基本重合。

光合有效辐射3种计量系统如下。

（1）光学系统。这种系统是以人眼对亮度的响应特征为基础的，仪器有照度计等，所观测到的物理量是辐射源所发射的可见光波段的光通量密度，用光照度（lx）来度量。

（2）能量学系统。这种系统以热电偶为传感器，从能量角度测定辐射量。这种系统的仪器有天空辐射表、直接辐射表、净辐射表等。用某一特征波长范围内即光合有效波段内的辐射通量密度，也称辐照度（W/m²）来度量。

（3）量子学系统。这种系统以硅、硒光电池等为传感器，从光量子角度测定辐射量的仪器，如光量子通量仪等。用光量子通量密度［μmol/（m²·s）］来度量。

3.3.5.4　太阳总辐射传感器工作原理

太阳总辐射传感器的工作原理基于热电偶的热电效应。热电偶是由两种不同金属制成的电极，当两个电极连接在一起时，如果它们的温度不同，就会在电极之间产生一个电势差。这个电势差的大小与电极之间的温差成正比。太阳总辐射传感器的探头通常由两个热电偶组成，一个用来测量太阳辐射的能量，另一个则用来测量环境温度。

当太阳辐射射到传感器探头上时，探头内部的热电偶受到辐射能量的加热，产生一个电势差。这个电势差会被传感器的电路放大和处理，并输出一个电压信号，该信号的大小与太阳辐射的能量成正比。因此，可以通过测量输出电压来确定太阳辐射的能量大小。

3.3.6　风向风速传感器

风向风速传感器（图3-19）是一种测量风速和风向的设备，可以根据风向标的转动及风杯、螺旋桨等结构来感知风向信息。

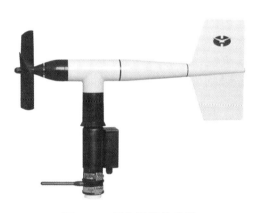

图3-19　风向风速传感器

3.3.6.1　风向传感器

风向传感器是以风向箭头的转动探测、感受外界的风向信息，并将其传递给同轴码盘，同时输出对应风向相关数值的一种物理装置。

（1）分类。

①电磁式风向传感器：利用电磁原理设计，由于原理种类较多，所以结构有所不同，目前部分此类传感器已经开始利用陀螺仪芯片或者电子罗盘作为基本元件，其测量精度得到了进一步的提高。

②光电式风向传感器：这种风向传感器采用绝对式格雷码盘作为基本元件，并且使用了特殊定制的编码，以光电信号转换原理，可以准确地输出相对应的风向信息。

③电阻式风向传感器：这种风向传感器采用类似滑动变阻器的结构，将产生的电阻值的最大值与最小值分别标成360°与0°，当风向标产生转动的时候，滑动变阻器的滑杆会随着顶部的风向标一起转动，产生的不同的电压变化就可以计算出风向的角度或者方向了。

（2）工作原理。

①电磁式传感器：主要是基于电磁感应原理，将机械能转换为电能。具体来说，当被测物理量（如旋转速度、位移等）引起导体中的磁通量变化时，会在传感器中产生感应电动势，从而输出相应的电信号。

②光电式传感器：光电传感器是通过把光强度的变化转换成电信号的变化来实现控制的。光电传感器在一般情况下，由3部分构成，即发送器、接收器和检测电路。

③电阻式传感器：电阻式传感分为变阻式传感器和电阻应变式传感器。

变阻式传感器：变阻式传感器又称为电位器式传感器，是由电阻元件及电刷（活动触点）两个基本部分组成。变阻器通过改变电阻丝接入电路的有效长度来改变电阻；变阻器与用电器并联来分流，即改变电流。

电阻应变式传感器：电阻应变式传感器是以电阻应变计为转换元件的电阻式传感器。电阻应变式传感器由弹性敏感元件、电阻应变计、补偿电阻和外壳组成，可根据具体测量要求设计成多种结构形式。

3.3.6.2 风速传感器

风速传感器是一种可以连续测量风速和风量（风量=风速×横截面积）大小的常见传感器。

（1）分类。风速传感器大体上分为机械式（主要有螺旋桨式、风杯式）风速传感器、热式风速传感器、皮托管式风速传感器、超声波式风速传感器、多普勒式风速传感器。

①机械式风速传感器：机械式风速传感器自从它被发明到现在一直还在使用，空气的流动形成动能能够转变机械能，使机械式风速传感器发生转动，角速度能够很方便地测量出来，然后根据角速度可以推导出空气流速。

②热式风速传感器：热式风速传感器所测气流速度是电流与电阻的函数。将电流（或电阻）保持不变，所测气流速度仅与电阻（或电流）一一对应。

③皮托管式风速传感器：皮托管（Piot tube），又名"空速管""风速管"，皮托管是测量气流总压和静压以确定气流速度的一种管状装置，由法国皮托发明而得名。严格地说，皮托管仅测量气流总压，又名总压管；同时

测量总压、静压的才称风速管，但习惯上多把风速管称作皮托管。

④超声波式风速传感器：流体在静止和流动两种条件下都可以用来传递超声波，但是，此时由于流体运动状态的不同会导致超声波在两者间运动时的速度差异。当超声波传播速度和流动运动速度方向一致时，超声波速度会增大，用两组超声波式风速传感器进行测量就可以测量出速度差。

⑤多普勒式风速传感器：当观察者和波源存在着相对运动时，波源发出的频率和观察者接收到的频率存在差异，这种现象叫多普勒效应。多普勒式风速传感器主要包括超声波多普勒式风速传感器、激光多普勒式风速传感器两种。

（2）工作原理。

①机械式风速传感器工作原理：

螺旋桨式风速传感器工作原理：螺旋桨式风速计对准气流的叶片系统受到风压的作用，产生一定的扭力矩使叶片系统旋转。通常螺旋桨式风速传感器通过一组三叶或四叶螺旋桨绕水平轴旋转来测量风速，螺旋桨一般装在一个风标的前部，使其旋转平面始终正对风的来向，它的转速正比于风速。

风杯式风速传感器工作原理：风杯式风速传感器，是一种十分常见的风速传感器。感应部分是由3个或4个圆锥形或半球形的空杯组成。空心杯壳固定在互呈120°的三叉星形支架上或互呈90°的十字形支架上，杯的凹面顺着一个方向排列，整个横臂架则固定在一根垂直的旋转轴上。

当风杯转动时，带动同轴的多齿截光盘或磁棒转动，通过电路得到与风杯转速成正比的脉冲信号，该脉冲信号由计数器计数，经换算后就能得出实际风速值。

②热式风速传感器工作原理：热式风速传感器以热丝（钨丝或铂丝）或是以热膜（铂或铬制成薄膜）为探头，裸露在被测空气中，并将它接入惠斯通电桥，通过惠斯通电桥的电阻或电流的平衡关系，检测出被测截面空气的流速。

③皮托管式风速传感器工作原理：皮托管式风速传感器依据伯努利方程，该方程是流体静力学的基本公式。伯努利方程是指在不可压缩的条件下，流体质量守恒、能量守恒和动量守恒的定理。在这个条件下，当流体静止时，流体具有压力，流体速度为零，流体的总能量相当于压力能。当流体

开始流动时，由于流速增加，压力降低，而且根据质量守恒，流体的质量不变。当流体通过一个狭窄的管道时，流速增加，压力降低。

④超声波式风速传感器工作原理：超声波式风速传感器是利用超声波时差法来实现风速的测量。由于声音在空气中的传播速度，会和风向上的气流速度叠加。假如超声波的传播方向与风向相同，那么它的速度会加快；反之，若超声波的传播方向与风向相反，那么它的速度会变慢。所以，在固定的检测条件下，超声波在空气中传播的速度可以和风速函数对应。通过计算即可得到精确的风速和风向。

⑤多普勒式风速传感器工作原理：多普勒式风速传感器工作原理主要是基于多普勒效应。当气流通过传感器时，气流对传感器的作用力或位移会被转换为电信号，然后通过信号处理电路进行放大、滤波、转换等处理，最终输出风速的数值。

风向传感器和风速传感器虽然是两种完全独立的传感器，但大多数情况下，这两种传感器是整合在同一测量设备中的，通过综合处理数据信息，共同发挥作用。

3.3.7 雨量传感器

3.3.7.1 雨量传感器分类

雨量传感器是一种自动测量降水量的仪器。雨量传感器可以根据其测量原理和结构特点进行分类，下面介绍几种常见的雨量传感器类型。

（1）激光雨量传感器。激光雨量传感器是利用激光束穿过雨滴时的散射来测量降水量的。传感器中包含了一个激光器和一个光电探测器。当雨滴穿过激光束时，会使激光束发生散射，从而使光电探测器接收到反射光信号。通过测量反射光的强度和时间，就可以计算出雨滴的大小和数量，从而得到降水量。

（2）光电雨量传感器。光电雨量传感器（图3-20）是一种基于光电效应原理的传感器，它通过检测雨滴的散射光来测量降水量。传感器中包含了一个光源和一个接收器。当雨滴落入传感器的探测区域时，会散射光线，这些光线被接收器捕捉到并测量，从而可以计算降水量。

（3）机械式雨量传感器。机械式雨量传感器是利用雨滴对设备的机械结构进行作用，来测量降水量。常见的有虹吸式、称重式、翻斗式。

图3-20　光电雨量传感器

①虹吸式雨量计：虹吸式雨量计是自动记录液态降水物的数量、强度变化和起止时间的仪器。由承雨器、虹吸管、自记部分和外壳组成。

②称重式雨量计：称重式雨量计可以连续记录接雨杯上的以及存储在其内的降水的重量。记录方式可以用机械发条装置或平衡锤系统，将全部降水量的重量如实记录下来，并能够记录雪、冰雹及雨雪混合降水。

③翻斗式雨量计：翻斗式雨量计是一种水文、气象仪器，用以测量自然界降水量，同时将降水量转换为以开关量形式表示的数字信息量输出，以满足信息传输、处理、记录和显示等的需要。

翻斗式雨量计主要由承水器、过滤漏斗、翻斗、干簧管、底座和专用量杯等组成。

（4）超声波雨量传感器。超声波雨量传感器是利用超声波的反射原理来测量降水量的。传感器中包含了一个发射器和一个接收器。当超声波被发射器发出时，如果遇到雨滴，超声波会被反射回来，并被接收器捕捉到。通过测量反射时间和信号的强度，就可以计算出雨滴的大小和数量，从而得到降水量。

3.3.7.2　雨量传感器工作原理

常见的雨量传感器工作原理包括机械式、光学式、电容式和电阻式等。下面分别介绍这几种原理。

（1）机械式雨量传感器。机械式雨量传感器通过利用雨滴对设备的机械结构进行作用，来测量降水量。

①称重式：其工作原理是通过对重量的变化来计算出降水量。其核心是载荷元件，在有降雨现象发生的时候，探测器就会输出载荷元件测量的重量

信号，从而得出相应的降水读数。

②翻斗式：其工作原理是将降水量转换为以开关量形式表示的数字信息量输出，从而进行信息的传输、处理以及记录、显示等需求。

③虹吸式：其工作原理是通过传感器发生一次虹吸，记录雨量为10mm，通过记录就可以看出本次降水过程中的强度变化以及起止时间，从而算出降水量。

（2）光学式雨量传感器。光学式雨量传感器是利用光的反射原理来测量降水量。

（3）电容式雨量传感器。电容式雨量传感器通过测量电容器的电容变化来测量降水量。

（4）电阻式雨量传感器。电阻式雨量传感器是利用雨滴对电阻的影响来测量降水量。

3.4　其他传感器

3.4.1　声学传感器

3.4.1.1　声学传感器分类

声学传感器是一种能够感知声波并将其转换为电信号的设备。

声学传感器（图3-21）的工作原理基于压电效应或共振原理。当声波传播到传感器表面时，传感器内部的压电元件或振动结构会产生相应的电信号，通过信号处理电路将声音信号转换为数字信号。

将在气体、液体或固体中传播的机械振动转换成电信号的器件或装置都称为声波传感器，可用接触

图3-21　声学传感器

或非接触的方法检出声波信号。声波传感器的种类很多，按测量原理可分为电磁变换、静电变换、电阻变换、光电变换等，见表3-2。

表3-2 声波传感器的分类

分类	原理	传感器	构成
电磁变换	动电型	动圈式麦克风 扁形麦克风 动圈式拾音器	线圈和磁铁
	电磁型	电磁型麦克风（助听器） 电磁型拾音器 磁记录再生磁头	磁铁和线圈 高导磁率合金 或铁氧体和线圈
	磁致伸缩型	水中受波器 特殊麦克风	镍和线圈 铁氧体和线圈
静电变换	静电型	电容式麦克风 驻极体麦克风 静电型拾音器	电容器和电源 驻极体
	压电型	麦克风 石英水声换能器	罗息盐，石英， 压电高分子（PVDF）
	电致伸缩型	麦克风 水声换能器 压电双晶片型拾音器	钛酸钡（$BaTiO_3$） 锆钛酸铅（PZT）
电阻变换	接触阻抗型	电话用碳粒送话器	炭粉和电源
	阻抗变换型	电阻丝应变型麦克风 半导体应变变换器	电阻丝应变计和电源 半导体应变计和电源
光电变换	相位变化型	干涉型声传感器 DAD再生声传感器	光源、光纤和光检测器 激光光源和光检测器
	光量变化型	光量变化型声传感器	光源、光纤和光检测器

3.4.1.2 声呐系统

声呐系统是一种广泛应用于渔业的声学传感器，它可以通过发射和接收声波来探测鱼群的位置和密度。

在捕渔业中，声呐用于探测船舶周围鱼群、环境结构和海床情况，而渔探仪探测的是船的正下方的目标。声呐通过向海中发射超声波并接收反射回波来捕捉这些物体。声呐可以探测和显示360°或180°各个方向的鱼群分布、密度和移动。

声呐主要分为探照灯声呐（PPI声呐）和扫描声呐。

（1）探照灯声呐（PPI声呐）。探照灯声呐是显示船只四周的水下信息的设计。声呐可以通过不断旋转传感器，以360°视角显示船只周围的鱼群和海流等信息。

声呐通常在屏幕上显示为中心（船）的一个点，船周围被一圈回声环绕包围。探照灯声呐从换能器（传感器）发送超声波到海底，再反射回换能器。随着下一个超声波的传播，传感器的角度也随之改变。超声波一发出，声呐就会立即切换到接收状态，"倾听"返回的超声波回声。

（2）扫描声呐。扫描声呐可以360°同时向船舶周围发出超声波，并能立即探测和显示回波。

①全方位扫描声呐：该系统在一次脉冲中向船舶周围的各个方向发射超声波，并能立即探测和显示船舶周围的一切。

②半周扫描声呐：安装在船底的传感器利用超声波对船下180°的区域进行即时搜索。

③扇形扫描声呐：原理与探照灯声呐相同，但扇形扫描声呐是以45°的步进搜索。

3.4.2　视觉传感器

3.4.2.1　视觉传感器功能

视觉传感器是指利用光学元件和成像装置获取外部环境图像信息的仪器，通常用图像分辨率来描述视觉传感器的性能。

视觉传感器是一种能够接收光的信号并将其转换为数字信号的传感器，它可以模拟人眼对光进行解析和处理的能力。它能够检测出物体的形状、大小和颜色等信息，然后将这些信息转换成计算机可以处理的数字信号。

3.4.2.2　工作原理及特点

视觉传感器主要由光学镜头、影像传感器、数字信号处理单元和输出接口等组成。当物体反射或散射光线时，光学镜头会将光线聚焦到影像传感器上，影像传感器将光线转化为电信号，然后经过数字信号处理单元的处理，最终呈现出一幅清晰的数字影像。

视觉传感器根据其基本构成和功能不同，分为线性CCD型、面阵CCD型、CMOS型、红外型、超声波型等多种类型。

视觉传感器在捕获图像之后，视觉传感器将其与内存中存储的基准图像进行比较，以做出分析。

3.4.3　渔具传感器

渔具传感器通常是测量流体压力的液压传感器或者滚筒旋转感应传感器。这些传感器用于提供独立的捕捞活动记录，并发射信号通知电子监测摄像机开始记录。

3.4.4　机载和卫星传感器

这些传感器用于从空中或太空监测海洋环境，提供大范围的环境数据，有助于分析和预测渔场的情况。

以航天平台的高空间分辨率、高光谱分辨率和高时间分辨率遥感，是一种获取和更新空间数据的强有力的手段，是海洋资源环境信息获取的重要手段，其应用价值不仅在于一次性的资源调查和环境监测，更重要的是在于多时相、多信息的综合开发利用，并将遥感与地理信息系统结合，既把遥感作为地理信息系统的重要信息源和数据更新手段，又把地理信息系统作为支持遥感信息提取和决策的平台，为其综合开发利用和应用提供理想的环境。

在环境保护、污染监控方面，遥感技术同样可以发挥实时监控的作用。如监测海洋中已形成的污染和赤潮，并预报沿岸居民点分布可能带来的污染、可能形成的赤潮区域等，实时地监控我国海洋渔业资源栖息环境的质量状况，结合地理信息系统（GIS）的地理属性可形成决策系统。

遥感技术对渔业区划、海岸带规划、水产品养殖同样起着重要的作用。

3.4.5　射频识别技术（RFID）

射频识别技术，是20世纪80年代发展起来的一种新兴自动识别技术。

RFID（图3-22）是一种简单的无线系统，该系统用于控制、检测和跟踪物体。系统由一个询问器（或阅读器）和很多应答器（或标签）组成。

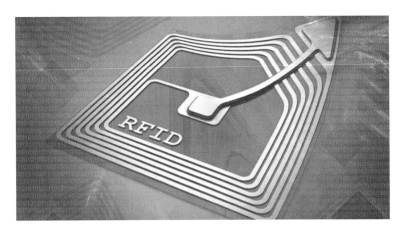

图3-22　RFID

无线射频识别通过无线射频方式进行非接触双向数据通信，利用无线射频方式对记录媒体（电子标签或射频卡）进行读写，从而达到识别目标和数据交换的目的。

3.4.5.1　工作原理

一套完整的RFID系统，是由阅读器（Reader）与电子标签（TAG）也就是所谓的应答器（Trans ponder）及应用软件系统3个部分组成，其工作原理是Reader发射一特定频率的无线电波能量给Transponder，用以驱动Transponder电路将内部的数据送出，此时Reader便依序接收解读数据，送给应用程序做相应的处理。

3.4.5.2　系统优势

读取方便快捷：数据的读取无须光源，甚至可以透过外包装来进行。有效识别距离更大，采用自带电池的主动标签时，有效识别距离可达到30m以上。

识别速度快：标签一进入磁场，解读器就可以即时读取其中的信息，而且能够同时处理多个标签，实现批量识别。

数据容量大：数据容量最大的二维条形码（PDF417），最多也只能存储2 725个数字；若包含字母，存储量则会更少；RFID标签则可以根据用户的需要扩充到数十K。

使用寿命长，应用范围广：其无线电通信方式，使其可以应用于粉尘、油污等高污染环境和放射性环境，而且其封闭式包装使得其寿命大大超过印刷的条形码。

标签数据可动态更改：利用编程器可以写入数据，从而赋予RFID标签交互式便携数据文件的功能，而且写入时间相比打印条形码更少。

更好的安全性：不仅可以嵌入或附着在不同形状、类型的产品上，而且可以为标签数据的读写设置密码保护，从而具有更高的安全性。

动态实时通信：标签以每秒50～100次的频率与解读器进行通信，所以只要RFID标签所附着的物体出现在解读器的有效识别范围内，就可以对其位置进行动态的追踪和监控。

3.5 网络数据获取技术

3.5.1 爬虫技术

爬虫技术是一种自动化获取互联网信息的技术，也称为网络爬虫、网络蜘蛛、网络机器人等。爬虫技术通过程序自动访问网络资源，并将有用的数据抓取下来，存储到本地或远程服务器中。

3.5.1.1 工作原理

爬虫技术的工作原理可以简单概括为以下几个步骤：

一是URL管理器。爬虫程序首先需要有一个URL管理器，用来存储待爬取的URL列表，或已经爬取过的URL列表。

二是网络请求。爬虫程序通过网络请求访问目标网站，获取网页内容。网络请求的方式通常有HTTP、HTTPS、FTP等协议。在请求过程中，可以设置一些请求头信息，如User-Agent等，以模拟浏览器请求，避免被目标网站识别为爬虫而被禁止。

三是网页解析。爬虫程序通过解析网页内容，提取出有用的信息。网页解析的方式通常有正则表达式、XPath、CSS Selector、BeautifulSoup等。

四是数据存储。爬虫程序将获取到的数据存储到本地或远程服务器中，常用的数据存储方式有文件系统、数据库等。此外，还可以使用分布式存储技术，将数据分散到多个节点中存储，以提高存储的可扩展性和可靠性。

3.5.1.2 类型

根据其工作原理和应用场景的不同，爬虫技术可以分为以下4种类型。

一是通用爬虫。通用爬虫是指可以抓取整个互联网上的网页的爬虫程序，其应用场景包括搜索引擎、大数据分析等。

二是聚焦爬虫。聚焦爬虫是指针对特定领域的爬虫程序，其抓取的网页范围相对较小，但抓取的内容更加精准和有用。

三是增量爬虫。增量爬虫是指只抓取最新的网页和更新的内容的爬虫程序，以提高抓取效率和减少重复抓取的内容。

四是分布式爬虫。分布式爬虫是指将爬虫程序分布在多个计算机上，以提高抓取效率和扩大抓取范围的一种爬虫技术。

3.5.2 网站公开API

应用程序接口（Application programming interface，API）是一些预先定义的函数，目的是提供应用程序与开发人员基于某软件或硬件得以访问一组例程的能力，而又无须访问源码，或理解内部工作机制的细节。

开放API是指把网站的服务封装成一系列计算机易识别的数据接口开放出去，供第三方开发者使用的行为。开放API是可以通过HTTP协议访问的开源应用程序编程接口，定义了API端点以及请求和响应格式。开发人员可以以HTTP请求的形式调用其他应用程序或服务提供的功能。API的常见用途包括数据交换、功能扩展、第三方集成和微服务架构。

3.5.3 数据抓取技术

网络数据抓取是指采用技术手段从大量网页中提取结构化和非结构化信息，按照一定规则和筛选标准进行数据处理，并保存到结构化数据库中的过程。目前网络数据抓取采用的技术主要是对垂直搜索引擎（指针对某一个行业的专业搜索引擎）的网络爬虫（或数据采集机器人）、分词系统、任务与索引系统等技术的综合运用。

3.5.3.1　数据抓取常见分类方式

（1）静态页面抓取。直接获取HTML源代码，并从中提取所需信息。

（2）动态页面抓取。通过模拟浏览器行为，执行JavaScript脚本，并从中提取所需信息。

（3）API接口调用。通过API接口获取数据。

3.5.3.2　网络数据抓取的一般步骤

（1）确定数据抓取的目标网站。根据研究需求确定所需信息的来源网站。

（2）网站的源代码分析。逐个分析各来源网站的数据信息组织形式，包括信息的展示方式以及返回方式，比如在线校验格式化的工具（JSON）、在线格式化美化工具（XML）等，根据研究需求确定抓取字段。

（3）编写代码。分析时尽量找出各来源网站信息组织的共性，这样更便于编写服务器端和数据抓取端的代码。

（4）抓取环境测试。对抓取端进行代码测试，根据测试情况对代码进行修改和调整。

（5）数据抓取。将测试好的代码在目标网站进行正式数据抓取。

（6）数据存储。将抓取的数据以一定格式存储，比如将文本数据内容进行过滤和整理后，以excel、csv等格式存储，如果数据量较大也可以存储在关系型数据库（如MySQL、Oracle等），或非关系型数据库（如MongoDB）中来辅助随后的信息抽取和分析。

4 智慧渔业信息传输技术

信息传输，即信息的传递与交换，自古以来就是人类社会不可或缺的组成部分。从最初的口头交流、书信往来，到如今的电子通信和互联网技术的广泛应用，信息传输技术的飞速发展极大地推动了人类社会的进步。在智慧渔业的领域中，信息的高效传输更是发挥着举足轻重的作用。它确保了渔业生产中各类数据的顺畅流通，使得各环节之间的信息交流更加便捷，对于整个渔业产业链的高效运作具有至关重要的意义。

本章将重点讲解智慧渔业信息传输中常用的通信技术与通信协议。所谓通信技术包括有线通信技术（利用电缆、光纤等物理线缆传输数据的通信技术）、无线通信技术（利用无线电波、红外线、激光等无线介质传输数据的通信技术）。所谓通信协议亦称数据通信控制协议，是为保证数据通信网中通信双方能有效、可靠通信而规定的一系列约定。这些约定涵盖了数据的格式、顺序和速率，数据传输的确认或拒收，差错检测，重传控制和询问等操作。

4.1 有线传输技术

有线传输技术是利用物理线缆或光纤等有线介质，将数据信号从一个地方传输到另一个地方的技术。有线传输技术的原理是基于电信号或光信号在有线介质中的传输。电信号传输主要应用于铜质线缆等传输介质，通过电压的变化表示不同的数据信息；光信号传输则主要应用于光纤等传输介质，通过光的强弱和频率的变化表示不同的数据信息。无论是电信号传输还是光信号传输，都需要一定的传输协议和调制解调器等设备来确保数据的准确传输。有线传输技术是信息通信领域最古老、最基础的传输方式之一，具有稳定、可靠、安全等特点，在各种应用场景中都有着广泛的应用。

4.1.1　同轴电缆

同轴电缆是一种利用同轴结构进行信号传输的电缆，因其内导体与外导体共享一个轴心而得名。它主要由内导体、绝缘层、外导体和护套组成（图4-1）。同轴电缆最早在20世纪初被发明，并在20世纪中叶开始广泛应用于广播电视、电话通信等领域。由于其抗干扰能力强、传输距离远、带宽较宽等优点，同轴电缆被广泛用于各种通信和数据传输。

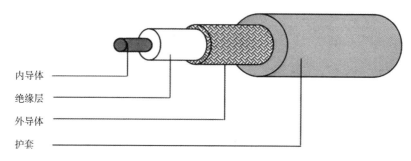

内导体
绝缘层
外导体
护套

图4-1　同轴电缆示意图

同轴电缆能够有效传输高频信号，是传输模拟和数字信号的理想介质。其结构设计使其在传输信号时受到的外部电磁干扰较小，同时也能防止内部信号的泄漏。随着技术的进步，同轴电缆的性能不断提升，应用范围也从传统的广播电视领域扩展到宽带网络、安防监控、医疗设备等多个方面。

4.1.1.1　同轴电缆的结构

同轴电缆的结构是其性能优越的关键因素，典型的同轴电缆由以下几层构成。

（1）内导体。内导体是同轴电缆的核心组件之一，它负责传输信号并保证信号的稳定性和清晰度。内导体的材料通常有铜和铝两种。由于铜具有极高的导电性能，能够更高效地传输信号并减少能量损失，因此铜导体在同轴电缆中更为常见。

在内导体的形态上，存在实心与绞合两种设计。实心导体因其结构紧密，能够提供更稳定的信号传输，特别适用于高频信号的传输。绞合导体则通过多根细丝绞合而成，这种设计赋予了同轴电缆更好的柔韧性和抗疲劳性能。绞合导体使电缆在弯曲或移动时不易受损，且能够承受更大的机械应力。

（2）绝缘层。绝缘层位于内导体和外导体之间，它需要具备良好的介电性能，以确保内导体和外导体之间的有效隔离。通常，绝缘层采用聚乙烯、泡沫聚乙烯或聚丙烯等绝缘材料制成。

绝缘层的主要作用之一是保持内导体和外导体之间的绝缘状态。它有效阻止了电流在两个导体之间的直接流通，防止了信号短路的发生，提高了电缆的安全性和可靠性。此外，绝缘层还能够确保电缆的电特性稳定，它能够有效抑制电磁干扰和信号衰减，提高信号的传输质量。同时，绝缘层还能够保护内导体免受外界环境的影响，如潮湿、腐蚀和机械损伤等，从而延长电缆的使用寿命

（3）外导体。外导体它位于绝缘层之外，通常由铜或铝制成，以适应不同应用环境的需求。其中，铜网编织层和铝箔屏蔽层是两种常见的形式。铜网编织层由细铜丝编织而成，这种结构不仅为电缆提供了额外的机械强度，增加了电缆的耐用性，同时其细密结构能够有效阻止外部电磁波的侵入，起到屏蔽外界电磁干扰的作用。铝箔屏蔽层则采用了轻质的铝箔材料，通过反射和吸收高频电磁波，降低外界干扰对电缆内部信号的影响，提高信号传输的稳定性和可靠性。

外导体的主要作用之一是屏蔽外界电磁干扰。在复杂多变的电磁环境中，外导体能够形成一个保护屏障，将电缆内部信号与外界电磁干扰隔离开来，确保信号的纯净传输。同时，外导体还能提供地电位参考，使得电缆在接地时能够稳定地工作，避免因电位波动而引发的信号干扰。

（4）护套。护套是同轴电缆的外部保护结构，通常采用聚氯乙烯（PVC）、聚乙烯（PE）或低烟无卤（LSZH）等材料制成，这些材料不仅具有良好的机械保护性能，能够有效抵抗外部冲击和挤压，保护电缆内部结构不受损伤，而且还具备出色的环境适应性。护套的主要作用是保护电缆的内部结构，防止其受到机械损伤、湿气和化学物质的侵蚀，确保电缆内部的导体、绝缘层和外导体等关键部分保持完好，从而保障信号的稳定传输和电缆的持久耐用。

4.1.1.2 同轴电缆的工作原理

同轴电缆的数据传输是一个复杂的电磁转换和传播过程，它依赖于电缆的独特结构和材料特性来实现高效、稳定的信号传输。同轴电缆的数据传输

包括以下几个关键过程。

（1）信号输入与电场形成。当数据信号（无论是模拟信号还是数字信号）被输入到同轴电缆的内导体时，会在内导体和外导体之间形成一个交变的电场。该电场的强度和方向会随着输入信号的变化而变化。

（2）电磁波的传播。由于内导体和外导体之间绝缘层的存在，电流不会直接从内导体流向外导体。相反，输入信号的能量会以电磁波的形式在内导体和外导体之间的空间中传播。这些电磁波携带着信号的信息，沿着电缆向前传播。

（3）屏蔽作用与信号保护。同轴电缆的外导体，也就是屏蔽层，起着关键的作用。它不仅防止了内部信号向外辐射，也阻止了外部电磁干扰进入电缆内部。这种屏蔽作用是通过外导体的金属网状结构实现的，它能够有效地反射和吸收外部的电磁干扰，从而保护内部传输的信号不受影响。

（4）信号的接收与解调。在信号的接收端，电磁波被转换为电信号，然后通过解调（如果是数字信号）或者直接处理（如果是模拟信号）来恢复原始的数据信息。这个过程中，同轴电缆的屏蔽层同样起着重要的作用，它确保了接收到的信号质量，减少了因外部干扰而导致的信号失真。

4.1.1.3 同轴电缆的应用场景及优缺点

在智慧渔业中，同轴电缆可应用于以下场景：①数据传输。同轴电缆可用于传输水产养殖系统中的各种监测参数，如水质参数、养殖环境信息、养殖动物生长数据等。②监控视频传输。连接水产养殖场内的监控摄像头，并通过同轴电缆将视频信号传输到监控中心，实现养殖过程的远程实时监控。③网络通信。在一些远程水产养殖场地，同轴电缆也可用于连接无线基站与网络后台，提供通信支持。

同轴电缆应用的优点包括：①抗干扰能力强，外导体屏蔽层可以有效隔离外部干扰，保证监控和数据传输的稳定性。②适用于传输监控摄像头产生的视频信号和其他高频数据，保证信号的清晰度和精准性。③护套能够保护内部结构不受水质等环境因素影响，具有较强的耐久性。

同时，同轴电缆的应用也存在部分缺点，如：①制造成本和安装维护成本相对较高。②安装复杂，需要专业技术人员进行安装和维护，不当的安装可能影响信号传输效果。③同轴电缆的安装对弯曲半径有一定要求,不宜弯曲过度,在水产养殖场地的复杂环境下可能会带来一定的限制。

4.1.2　光纤

光纤即为光导纤维的简称。光纤通信是以光波作为信息载体,以光纤作为传输媒介的一种通信方式。它将需传送的信息在发送端输入到发送机中,通过光与光纤作为传输媒质,将信息叠加或调制到作为信息信号载体的载波上,然后将已调制的载波传送到远处的接收端,由接收机解调出原来的信息。从原理上看,构成光纤通信的基本物质要素是光纤、光源和光检测器。

4.1.2.1　光纤通信系统的基本构成

光纤通信系统主要的部分包括光纤、光发射器、光接收器、光中继器等,如图4-2所示。

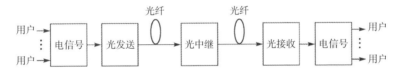

图4-2　光纤通信系统的基本组成

光纤:光信号传输的介质,通常由高纯度的玻璃或塑料制成。根据传输模式的不同,光纤可分为单模光纤和多模光纤。光纤的特性包括衰减、色散、带宽等,这些特性决定了光纤的传输性能。

光发射器(光发送机):将电信号转换为光信号的设备。通常包括一个光源(如激光器或发光二极管),一个调制器以及相关的驱动电路。光源产生光载波,调制器则将电信号加载到光载波上。

光接收器(光接收机):将接收到的光信号转换为电信号的设备。通常包括一个光电检测器(如光电二极管或PIN二极管),一个前置放大器以及一个解调器。光电检测器将光信号转换为电流信号,前置放大器则放大这个信号,解调器则提取出原始的电信号。

光中继器:用于在光纤通信系统中放大和再生光信号的设备。中继器接收来自一个网络的数据包,并将其转发到另一个网络,帮助不同网络之间进行通信;中继器可以放大信号,帮助数据包在传输过程中保持信号强度,确保数据的可靠传输；中继器可以重塑信号的形式，使其适应下一个网络的要求，确保数据包能够在不同网络之间正确传输；中继器可以帮助扩展网络覆盖范围，使得数据包能够在更广泛的范围内传输。

4.1.2.2 光纤通信系统的分类

按照通信信号的不同，可将光纤通信系统分为模拟通信系统和数字通信系统。

按照通信信号波长和类型不同，可将光纤通信系统分为短波长光纤通信系统及长波长光纤通信系统。短波长（0.85μm）光纤通信系统通信速率低于34Mbps，中继间距在10km以内。长波长光纤通信系统可分为1.31μm多模光纤通信系统、1.31μm单模光纤通信系统及1.55μm单模光纤通信系统。1.31μm多模光纤通信系统通信速率为34Mbps和140Mbps，中继间距为20km左右；1.31μm单模光纤通信系统通信速率可达140Mbps和565Mbps，中继间距为30~50km（140Mbps）；1.55μm单模光纤通信系统通信速率可达565Mbps以上，中继间距更长，可达70km左右。

按照调制的方式进行划分，光纤通信系统可分为直接强度调制光纤通信系统、外调制光纤通信系统与外差光纤通信系统。直接强度调制光纤通信系统将待传输的数字电信号直接在光源的发光过程中进行调制，使光源发出的光本身就是已调制光，又称为内调制光纤通信系统。外调制光纤通信系统是在光源发出光之后，在光的输出通路上加调制器（如电光晶体等）进行调制，又称为间接调制光纤通信系统。外差光纤通信系统又称为相干光通信系统，该系统使用携带信息的光波作为载体，在发送端经过调制后，通过光纤或自由空间传输到接收端，再经过解调得到原始信息，能够实现高速、大容量的信息传输。

按照传输的速率进行划分，光纤通信可分为低速光纤通信系统（速率在2Mbps或8Mbps）、中速光纤通信系统（速率在34Mbps或140Mbps）、高速光纤通信系统（速率在≥565Mbps）。

4.1.2.3 光纤通信的优缺点

光纤通信通过将信息转换成光信号并通过光纤传输，具有高速、大容量、低损耗、抗干扰等优势。

高带宽：光纤通信具有极高的带宽，能够传输大量数据，适用于高速数据传输和网络需求。

低损耗：光纤传输中光信号的衰减非常小，损耗低，信号传输距离远，适用于长距离通信需求。

抗干扰：光纤通信不受电磁干扰的影响，信号稳定可靠，适用于高干扰环境。

安全性高：由于光信号在光纤中传输，难以窃听和干扰，提高了通信的安全性。

轻量化：光纤相比传统的铜线更轻便，易于安装和维护，减少了布线的复杂性。

抗电磁干扰：光纤通信不受电磁干扰的影响，适用于需要高度稳定信号传输的环境。

光纤通信同时存在以下缺点。

制造和安装成本高：光纤的制造和安装成本相对较高，包括光纤本身的制造、连接器和连接设备的成本以及安装和维护的人工费用。

光纤连接的精度要求高：光纤对连接的精度要求很高，连接不良会影响传输质量，增加维护和排查故障的难度。

对环境的稳定性要求高：光纤通信对温度、湿度等环境因素的稳定性要求较高，一些恶劣的环境条件可能影响光纤的传输性能。

易受物理损坏：光纤本身相对脆弱，容易受到物理损坏，如挤压、折断等，因此在使用过程中需要注意保护。

4.1.3 双绞线

双绞线是由一对相互绝缘的金属导线绞合而成。采用这种方式，不仅可以抵御一部分来自外界的电磁波干扰，而且可以降低多对绞线之间的相互干扰。把两根绝缘的导线互相绞在一起，干扰信号作用在这两根相互绞缠在一起的导线上是一致的（这个干扰信号叫做共模信号），在接收信号的差分电路中可以将共模信号消除，从而提取出有用信号（差模信号）。双绞线的作用是使外部干扰在两根导线上产生的噪声相同，以便后续的差分电路提取出有用信号，差分电路是一个减法电路，两个输入端同相的信号（共模信号）

相互抵消，反相的信号得到增强。

4.1.3.1　双绞线的结构

双绞线（图4-3）一般由两根22～26号绝缘铜导线相互缠绕而成，"双绞线"的名字也是由此而来。实际使用时，双绞线是由多对双绞线一起包在一个绝缘电缆套管中。多对双绞线包装在一起时，通常对各对双绞线进行颜色编码。模拟、数字和以太网等不同用途需要多对不同双绞线。最早双绞线只有2芯，用于电话数据传输，现在已经淘汰，目前主流的双绞线都是4对8芯。

图4-3　双绞线

在一个电缆套管里的不同线对具有不同的扭绞长度，一般地说，扭绞长度在38.1～140mm，按逆时针方向扭绞，相临线对的扭绞长度在12.7mm以内。双绞线一个扭绞周期的长度，叫做节距，节距越小（扭线越密），抗干扰能力越强。与单根导线或非双绞水平排列的线对相比，双绞线减少了线对间的电磁辐射和相邻线对间的串扰，并有效抑制了来自外部的电磁干扰。

4.1.3.2　双绞线的分类

根据有无屏蔽层，双绞线分为屏蔽双绞线（Shielded twisted pair，STP）与非屏蔽双绞线（Unshielded twisted pair，UTP）。

屏蔽双绞线在双绞线与外层绝缘封套之间有一个金属屏蔽层。屏蔽层可减少辐射，防止信息被窃听，也可阻止外部电磁干扰的进入，使屏蔽双绞线比同类的非屏蔽双绞线具有更高的传输速率。但是在实际施工时，很难全部完美接地，从而使屏蔽层本身成为最大的干扰源，导致性能甚至远不如非屏蔽双绞线。

非屏蔽双绞线是一种数据传输线，由4对不同颜色的传输线组成，广泛用于以太网路和电话线中。非屏蔽双绞线电缆具有以下优点：①无屏蔽外套，直径小，节省所占用的空间，成本低；②重量轻，易弯曲，易安装；③将串扰减至最小或加以消除；④具有阻燃性；⑤具有独立性和灵活性，适用于结构化综合布线。

按照频率和信噪比进行分类，双绞线可分为一类线、二类线、三类线、四类线、五类线、超五类线、六类线、超六类线及七类线。

①一类线（CAT1）：线缆最高频率带宽是750kHz，只适用于语音传输（一类标准主要用于20世纪80年代初之前的电话线缆），不用于数据传输。

②二类线（CAT2）：线缆最高频率带宽是1MHz，用于语音传输和最高传输速率4Mbps的数据传输，常见于使用4Mbps规范令牌传递协议的旧的令牌网。

③三类线（CAT3）：指在ANSI和EIA/TIA568标准中指定的电缆，该电缆的传输频率16MHz，最高传输速率为10Mbps，主要应用于语音、10Mbps以太网（10BASE-T）和4Mbps令牌环，最大网段长度为100m，采用RJ形式的连接器。

④四类线（CAT4）：该类电缆的传输频率为20MHz，用于语音传输和最高传输速率16Mbps（指的是16Mbps令牌环）的数据传输，主要用于基于令牌的局域网和10BASE-T/100BASE-T。最大网段长为100m，采用RJ形式的连接器。

⑤五类线（CAT5）：该类电缆增加了绕线密度，外套一种高质量的绝缘材料，线缆最高频率带宽为100MHz，最高传输率为100Mbps，用于语音传输和最高传输速率为100Mbps的数据传输，主要用于100BASE-T和1000BASE-T网络，最大网段长为100m，采用RJ形式的连接器。这是最常用的以太网电缆。在双绞线电缆内，不同线对具有不同的绞距长度。通常，4对双绞线绞距周期在38.1mm长度内，按逆时针方向扭绞，一对线对的扭绞长度在12.7mm以内。

⑥超五类线（CAT5e）：超5类具有衰减小，串扰少，并且具有更高的衰减与串扰的比值（ACR）和信噪比（SNR）、更小的时延误差，性能得到很大提高。超五类线主要用于千兆位以太网（1 000Mbps）。

⑦六类线（CAT6）：该类电缆的传输频率为1～250MHz，六类线系统在200MHz时综合衰减串扰比（PS-ACR）应该有较大的余量，它提供2倍于超五类的带宽。六类线的传输性能远远高于超五类标准，最适用于传输速率高于1Gbps的应用。六类与超五类的一个重要的不同点在于，改善了在串扰

以及回波损耗方面的性能，对于新一代全双工的高速网络应用而言，优良的回波损耗性能是极重要的。六类线标准中取消了基本链路模型，布线标准采用星形的拓扑结构，要求的布线距离为永久链路的长度不能超过90m，信道长度不能超过100m。

⑧超六类线或6A（CAT6A）：此类产品传输带宽介于六类和七类之间，传输频率为500MHz，传输速度为10Gbps，标准外径6mm。和七类产品一样，国家还没有出台正式的检测标准。

⑨七类线（CAT7）：传输频率为600MHz，传输速度为10Gbps，单线标准外径8mm，多芯线标准外径6mm。

类型数字越大、版本越新，技术越先进、带宽也越宽，当然价格也越贵。不同类型的双绞线标注有一定规定，如果是标准类型则按CATx方式标注，如常用的五类线和六类线，则在线的外皮上标注为CAT5、CAT6，而如果是改进版，就按xe方式标注，如超五类线就标注为5e（字母是小写，而不是大写）。

4.1.3.3　双绞线的序列标准

在国际上最有影响力的3家综合布线组织为ANSI（American National Standards Institute，美国国家标准协会）、TIA（Telecommunication Industry Association，美国通信工业协会）、EIA（Electronic Industries Alliance，美国电子工业协会）。由于TIA和ISO（国际标准化组织）两组织经常进行标准制定方面的协调，所以TIA和ISO颁布的标准差别不是很大。双绞线标准中应用最广的是ANSI/EIA/TIA-568A和ANSI/EIA/TIA-568B（实际上应为ANSI/EIA/TIA-568B.1，简称为T568B）。这两个标准最主要的不同就是芯线序列的不同。

ANSI/EIA/TIA-568A的线序定义依次为绿白、绿、橙白、蓝、蓝白、橙、棕白、棕，其标号如表4-1所示。

表4-1　EIA/TIA568A线序定义

颜色	绿白	绿	橙白	蓝	蓝白	橙	棕白	棕
线号	1	2	3	4	5	6	7	8

ANSI/EIA/TIA-568B的线序定义依次为橙白、橙、绿白、蓝、蓝白、绿、棕白、棕，其标号如表4-2所示。

表4-2　EIA/TIA568B的线序定义

颜色	橙白	橙	绿白	蓝	蓝白	绿	棕白	棕
线号	1	2	3	4	5	6	7	8

根据568A和568B标准，RJ-45连接头（俗称水晶头）各触点在网络连接中，对传输信号来说它们所起的作用分别是1、2用于发送，3、6用于接收，4、5、7、8是双向线；对与其相连接的双绞线来说，为降低相互干扰，标准要求1、2必须是绞缠的一对线，3、6也必须是绞缠的一对线，4、5相互绞缠，7、8相互绞缠。由此可见实际上两个标准568A和568B没有本质的区别，只是连接RJ-45时8根双绞线的线序排列不同，在实际的网络工程施工中较多采用568B标准。

4.1.4　RS-485通信接口

RS-485（目前称为EIA/TIA-485）是通信物理层的标准接口，一种信号传输方式，OSI（开放系统互联）模型的第一级。RS-485是一个定义平衡数字多点系统中的驱动器和接收器的电气特性的标准，该标准由电信行业协会和电子工业联盟定义。使用该标准的数字通信网络能在远距离条件下以及电子噪声大的环境下有效传输信号。RS-485使连接本地网络以及多支路通信链路的配置成为可能。

RS-485是从RS-422基础上发展而来的，所以RS-485许多电气规定与RS-422相仿，如都采用平衡传输方式、都需要在传输线上接终接电阻等。RS-485可以采用二线与四线方式，采用四线连接时，与RS-422一样只能实现点对多的通信，即只能有一个主（Master）设备，其余为从设备，但它比RS-422有改进，无论四线还是二线连接方式，总线上可最多接到32个节点；而采用二线制时，RS-485采用半双工工作方式，可实现真正的多点双向通信，此时任何时候只能有一点处于发送状态，因此，发送电路须由使能信号加以控制（表4-3）。

表4-3　RS-485两线制引脚定义

名称	作用	备注
Data-/B	差分信号负端	485-
Data+/A	差分信号正端	485+

RS-485采用平衡发送和差分接收，因此具有抑制共模干扰的能力。加上总线收发器具有高灵敏度，能检测低至200mV的电压，故传输信号能在千米以外得到恢复。在要求通信距离为几十米到上千米时，广泛采用RS-485串行总线标准。

图4-4为RS-485总线通信示意图。RS-485总线标准规定了总线接口的电气特性标准，发送端：正电平在+2～+6V，表示逻辑状态"1"；负电平在-2～-6V，则表示逻辑状态"0"。接收器：（V+）-（V-）>0.2V，表示信号"1"；（V+）-（V-）<-0.2V，表示信号"0"；-0.2V≤（V+）-（V-）≤0.2V，表示信号不稳定。

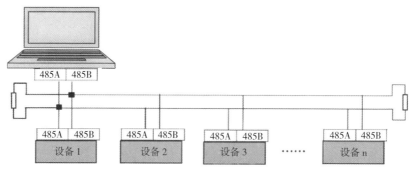

图4-4　RS-485总线通信示意图

数字信号采用差分传输方式，能够有效减少噪声信号的干扰。但是RS-485总线标准对于通信网络中相关的应用层通信协议并没有做出明确的规定，对于用户或者相关的开发者来说都可以建立与自己的通信网络设备相关的适用的高层通信协议标准。同时由于在工业控制领域的应用RS-485总线通信网络的现场中，经常是以分散性的工业网络控制单元的数量居多，并且各个工业设备之间的分布较远为主，将会导致在现场总线通信网络中存在各种各样的干扰，使得整个通信网络的通信效率可靠性不高，而在整个网络中数据传输的可靠性将会直接影响整个现场总线通信系统的可靠性，因此研究

RS-485总线通信系统的通信可靠性具有现实意义。

4.1.5　RS-232通信接口

RS-232通信接口符合电子工业联盟（EIA）建立的串行数据通信接口标准。原始编号是EIA-RS-232（简称232、RS232）。它广泛用于计算机串行接口外设连接，连接电缆以及机械、电气、信号和传输过程。

4.1.5.1　RS-232串行通信接口标准

RS-232-C是美国电子工业协会（Electronic Industry AssociaTIon，EIA）制定的一种串行物理接口标准。RS是英文"推荐标准"的缩写，232为标识号，C表示修改次数。它的全名是"数据终端设备（DTE）和数据通信设备（DCE）之间串行二进制数据交换接口技术标准"。

传统的RS-232-C总线标准采用标准25芯D型插头座（DB25），包含了两个信号通道，即主通道和副通道。利用RS-232总线可以实现全双工通信，在多数情况下主要使用主通道。在一般应用中，使用3～9条信号线就可以实现全双工通信，如采用3条信号线（接收线、发送线和信号地）能实现简单的全双工通信过程。后来使用简化为9芯D型插座（DB9），现在应用中25芯插头座已很少采用（图4-5）。

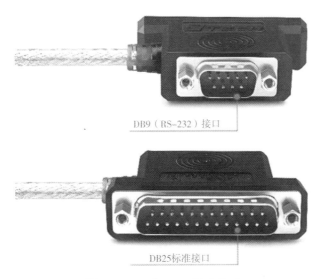

图4-5　DB9与DB25标准接口

4.1.5.2 RS-232串行通信接口电气特性

RS-232-C对电气特性、逻辑电平和各种信号功能做了如下规定。

在TXD和RXD数据线上逻辑1的电平为-15 ~ -3V；逻辑0的电平为+3 ~ +15V的电压。在RTS、CTS、DSR、DTR和DCD等控制线上信号有效（接通，ON状态）为+3 ~ +15V的电压；信号无效（断开，OFF状态）为-15 ~ -3V的电压。

规定逻辑"1"的电平为-15 ~ -5V，逻辑"0"的电平为+5 ~ +15V。选用该电气标准的目的在于提高抗干扰能力，增大通信距离。RS-232的噪声容限为2V，接收器将能识别高至+3V的信号作为逻辑"0"，将低到-3V的信号作为逻辑"1"。

对于数据（信息码），逻辑1（传号）的电平低于-3V，逻辑0（空号）的电平高于+3V；对于控制信号，接通状态（ON）即信号有效的电平高于3V，断开状态（OFF）即信号无效的电平低于-3V。也就是说，当传输电平的绝对值大于3V时，电路可以有效地检查出来，介于-3 ~ +3V的电压无意义，低于-15V或高于+15V的电压也认为无意义，因此，实际工作时，应保证电平在±（3 ~ 15）V。

4.1.5.3 RS-232串行通信接口机械特性

RS-232常用的串口接头有两种，一种是9针串口（简称DB9），另一种是25针串口（简称DB25）。RS-232-C标准接口有25条线，其中，4条数据线、11条控制线、3条定时线以及7条备用和未定义线（图4-6、表4-4）。

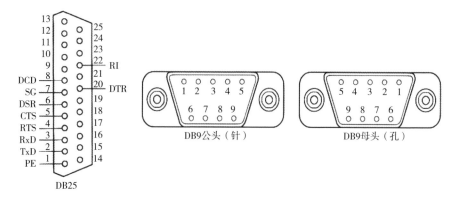

图4-6　DB25与DB9（公头、母头）接口

表4-4　针号对应功能

9针串口（DB9）			25针串口（DB25）		
针号	功能说明	缩写	针号	功能说明	缩写
1	数据载波检测	DCD	8	数据载波检测	DCD
2	接收数据	RXD	3	接收数据	RXD
3	发送数据	TXD	2	发送数据	TXD
4	数据终端准备	DTR	20	数据终端准备	DTR
5	信号地	GND	7	信号地	GND
6	数据设备准备好	DSR	6	数据设备准备好	DSR
7	请求发送	RTS	4	请求发送	RTS
8	清除发送	CTS	5	清除发送	CTS
9	振铃指示	DELL	22	振铃指示	DELL

4.2　无线传输技术

4.2.1　4G

4G通信，即第四代移动通信技术，是相对于3G而言的下一代移动通信技术。它的出现标志着移动通信技术的长足进步和发展。所谓4G通信，是指在通信技术、网络架构以及系统能力等多个方面的升级和改进。

4G移动通信技术在通信技术方面有了显著的突破。相对于3G的通信技术，4G通信采用了更高效、更快速的传输方式，如OFDM（正交频分复用）和MIMO（多输入多输出）技术。这些技术的应用使得4G通信在传输速率上得到了显著提升，大大缩短了数据传输的时间，从而为用户提供了更快、更流畅的通信体验。

在网络架构方面，4G移动通信技术实现了网络的全IP化（即全部采用IP协议进行传输）。这一改变使数据传输更加灵活高效，也为未来的数字化转型提供了更广阔的空间。同时，4G通信采用了分布式网络架构，使网络能够更好地应对大规模用户的需求，提供更好的网络覆盖和更可靠的传输质量。

在系统能力方面，相对于3G，4G通信的系统容量更大，能够同时支持更多的用户接入和更高速的数据传输。同时，4G通信还具备了低延迟和高可靠性的特点，为用户提供了更稳定、更可靠的通信服务。

为了适应移动通信用户日益增长的高速多媒体数据业务需求，4G移动通信系统主要采用以下关键技术。

4.2.1.1　接入方式和多址方案

OFDM（正交频分复用）是一种无线环境下的高速传输技术，其主要思想就是在频域内将给定信道分成许多正交子信道，在每个子信道上使用一个子载波进行调制，各子载波并行传输。尽管总的信道是非平坦的，即具有频率选择性，但是每个子信道是相对平坦的，在每个子信道上进行的是窄带传输，信号带宽小于信道的相应带宽。OFDM技术的优点是可以消除或减小信号波形间的干扰，对多径衰落和多普勒频移不敏感，提高了频谱利用率，可实现低成本的单波段接收机。OFDM的主要缺点是功率效率不高。

4.2.1.2　调制与编码技术

4G移动通信系统采用新的调制技术，如多载波正交频分复用调制技术及单载波自适应均衡技术等调制方式，以保证频谱利用率和延长用户终端电池的寿命。4G移动通信系统采用更高级的信道编码方案（如Turbo码、级连码和LDPC等）、自动重发请求（ARQ）技术和分集接收技术等，从而在低Eb/NO条件下保证系统足够的性能。

4.2.1.3　高性能的接收机

4G移动通信系统对接收机提出了很高的要求。Shannon定理给出了在带宽为BW的信道中实现容量为C的可靠传输所需要的最小SNR。按照Shannon定理，可以计算出，对于3G系统如果信道带宽为5MHz，数据速率为2Mbps，所需的SNR为1.2dB；而对于4G系统，要在5MHz的带宽上传输20Mbps的数据，则所需要的SNR为12dB。可见对于4G系统，由于速率很高，对接收机的性能要求也要高得多。

4.2.1.4　智能天线技术

智能天线具有抑制信号干扰、自动跟踪及数字波束调节等智能功能，被认为是未来移动通信的关键技术。智能天线应用数字信号处理技术，产生空间定向波束，使天线主波束对准用户信号到达方向，旁瓣或零陷对准干扰信号到达方向，达到充分利用移动用户信号并消除或抑制干扰信号的目的。这种技术既能改善信号质量，又能增加传输容量。

4.2.1.5　MIMO技术

MIMO（多输入多输出）技术是指利用多发射、多接收天线进行空间分集的技术，它采用的是分立式多天线，能够有效地将通信链路分解成许多并行的子信道，从而大大提高容量。信息论已经证明，当不同的接收天线和不同的发射天线之间互不相关时，MIMO系统能够很好地提高系统的抗衰落和抗噪声性能，从而获得巨大的容量。例如当接收天线和发送天线数目都为8根，且平均信噪比为20dB时，链路容量可以高达42bps/Hz，这是单天线系统所能达到容量的40多倍。因此，在功率带宽受限的无线信道中，MIMO技术是实现高数据速率、提高系统容量、提高传输质量的空间分集技术。在无线频谱资源相对匮乏的今天，MIMO系统已经体现出其优越性，也会在4G移动通信系统中继续应用。

4.2.1.6　软件无线电技术

软件无线电是将标准化、模块化的硬件功能单元经过一个通用硬件平台，利用软件加载方式来实现各种类型的无线电通信系统的一种具有开放式结构的新技术。软件无线电的核心思想是在尽可能靠近天线的地方使用宽带A/D和D/A变换器，并尽可能多地用软件来定义无线功能，各种功能和信号处理都尽可能用软件实现。其软件系统包括各类无线信令规则与处理软件、信号流变换软件、信源编码软件、信道纠错编码软件、调制解调算法软件等。软件无线电使得系统具有灵活性和适应性，能够适应不同的网络和空中接口。软件无线电技术能支持采用不同空中接口的多模式手机和基站，能实现各种应用的可变QoS。

4.2.1.7 基于IP的核心网

4G移动通信系统的核心网是一个基于全IP的网络，同已有的移动网络相比具有根本性的优点，即可以实现不同网络间的无缝互联。核心网独立于各种具体的无线接入方案，能提供端到端的IP业务，能同已有的核心网和公共交换电话网络（PSTN）兼容。核心网具有开放的结构，能允许各种空中接口接入核心网；同时核心网能把业务、控制和传输等分开。采用IP后，所采用的无线接入方式和协议与核心网络（CN）协议、链路层是分离独立的。IP与多种无线接入协议相兼容，因此在设计核心网络时具有很大的灵活性，不需要考虑无线接入究竟采用何种方式和协议。

4.2.1.8 多用户检测技术

多用户检测是宽带CDMA通信系统中抗干扰的关键技术。在实际的CDMA通信系统中，各个用户信号之间存在一定的相关性，这就是多址干扰存在的根源。由个别用户产生的多址干扰固然很小，可是随着用户数的增加或信号功率的增大，多址干扰就成为宽带CDMA通信系统的一个主要干扰。传统的检测技术完全按照经典直接序列扩频理论对每个用户的信号分别进行扩频码匹配处理，因而抗多址干扰能力较差；多用户检测技术在传统检测技术的基础上，充分利用造成多址干扰的所有用户信号信息对单个用户的信号进行检测，从而具有优良的抗干扰性能，解决了远近效应问题，降低了系统对功率控制精度的要求，因此可以更加有效地利用链路频谱资源，显著提高系统容量。随着多用户检测技术的不断发展，各种高性能又不是特别复杂的多用户检测器算法不断提出，在4G实际系统中采用多用户检测技术将是切实可行的。

4.2.2 5G

5G通信是一种新一代的无线通信技术，从技术角度来说是指第五代移动通信技术。随着互联网的快速发展和移动终端的普及，人们对于移动通信的需求越来越高。与之前的通信技术相比，5G通信有着更高的传输速率、更低的延迟和更大的网络容量。它能够提供千兆级别的传输速率，实现几乎无延迟的通信体验，并支持更多的设备同时连接到网络。这使5G通信成为实现智能城市、工业互联网、无人驾驶等应用的基础。5G移动通信主要采用以下技术。

4.2.2.1 载波调制技术

5G移动通信使用的是F-OFDM载波调制技术。F-OFDM载波调制技术，即滤波正交频分复用技术，是一种用于无线通信系统中的调制技术。该技术在传输多个用户的数据时，能够有效减少多径衰落带来的信号衰减问题，提高了系统的抗干扰性能和频谱利用效率。

F-OFDM载波调制技术继承了4G LTE的OFDM技术，同时引入了更好的滤波技术，能够抑制发射信号的旁瓣，减少信号波形的带外辐射，从而降低了带内噪声对信号的干扰。与传统的OFDM技术相比，F-OFDM技术在频谱利用率上有了明显的提升。它利用滤波器的特性，在发送端和接收端分别加入滤波器来对信号进行处理，从而达到抑制带内干扰和提高信号质量的效果。

F-OFDM载波调制技术还具有较好的多用户资源分配能力。通过分配不同子载波上的资源给不同用户，F-OFDM技术能够实现多用户的并行传输，提高了网络的传输效率。同时，F-OFDM技术还可以根据不同用户的需求进行灵活的资源分配，从而实现不同业务之间的公平性。

4.2.2.2 多天线技术

多天线技术是指通过在发射端和接收端增加多个天线，并利用多路径传输原理，以增加信号传输的可靠性和传输速率。在5G移动通信中，利用多天线技术可以实现波束赋形和波束跟踪，有效提高信号覆盖范围和衰减抑制能力。

波束赋形是指通过调整多个天线的相位和幅度，将信号能量集中在特定方向，形成波束，以提高信号的传输功率和接收灵敏度。这样可以减少信号在传输过程中的路径损耗和干扰，提高通信质量和覆盖范围。而波束跟踪则是在移动通信中，通过实时监测用户位置和信号质量，并根据这些信息调整波束的方向，以追踪用户和维持良好的信号连接。这种技术可以降低信号传输时的路径损耗和干扰，提高通信稳定性和传输速率。

4.2.2.3　massive MIMO技术

随着移动通信使用的无线电磁波频率越来越高，路径损耗也随之增加，一旦频率超过10GHz，衍射不再是主要的信号传播方式；对于非视距传播链路来说，反射和散射才是主要的信号传播方式。同时，在高频场景下，穿过建筑物的穿透损耗也会大大增加。这些因素都会增加信号覆盖的难度。特别是对室内覆盖来说，用室外宏基站覆盖室内用户变得越来越难。

massive MIMO作为5G的主要特性之一，实现波束赋形，形成极精确的用户级超窄波束，并随用户位置的不同而不同，将能量定向投放到用户位置，相对传统宽波束天线可提升信号覆盖，同时降低小区间用户干扰。massive MIMO技术的工作原理是通过同时发射和接收大量的数据流，利用天线阵列对信号进行空间分离和综合，以提高通信的可靠性和性能。通过使用massive MIMO技术，可以显著增加系统的信号传输能力，降低信号干扰和衰减，提高频谱效率，从而满足现代无线通信对高速数据传输和大容量连接的需求。

4.2.2.4　上下行解耦技术

上下行解耦技术主要通过引入额外的资源和改变网络架构来实现。在传统移动通信系统中，上下行链路共享同一组资源，而在解耦技术中，上行链路和下行链路使用不同的资源分配器，实现资源的分离，从而避免了资源的冲突和竞争。此外，解耦技术还采用了多站点、分布式和分簇等网络架构，进一步提高了网络的容量和覆盖范围。

上下行解耦技术的应用可以带来多方面的好处。首先，由于上行链路和下行链路独立传输数据，网络的容量和带宽会得到有效的利用，提高了网络的性能和效率。其次，解耦技术还可以提供更好的用户体验，减少延迟和传输错误，提高数据传输的稳定性。最后，上下行解耦技术还为网络的进一步发展和创新提供了基础，为未来的通信技术应用打下了坚实的基础。

4.2.2.5　载波聚合技术

5G移动通信载波聚合技术的核心思想是将多个不同频段的载波进行捆绑，形成一个更宽带的信道，以满足用户对高速和高容量通信的需求。这种技术利用了不同频段的载波之间互不干扰的特点，在物理层进行合理的资源分配和调度，从而实现多个载波的有效利用。通过5G移动通信载波聚合技术，用户可以同时享受多个频段的带宽，大大提高了数据传输速率和通信质量。相比于传统的单载波通信技术，5G移动通信载波聚合技术不仅提供了更快的速度，更重要的是能够有效地解决网络拥堵和信号弱化等问题，提升了用户的通信体验。

此外，5G移动通信载波聚合技术也为不同频段的网络互联提供了更好的解决方案。由于不同频段的网络具有不同的特点和覆盖范围，通过载波聚合技术，不同频段的网络可以进行灵活的组合和切换，实现更智能化的网络建设和管理。

4.2.2.6　网络切片技术

网络切分为多个独立的虚拟网络切片，实现对不同服务需求的个性化支持。每个切片可以根据需求独立配置和管理网络资源，使不同应用场景能够根据自身特点和需求进行定制化部署，提供更好的服务质量和用户体验。

在实际应用方面，5G移动通信网络切片技术具有广泛的应用前景。例如，在智能交通领域，可以通过切片技术将网络资源优先分配给自动驾驶车辆，提高道路安全性和交通效率；在智慧农业生产领域，可以为智慧农业装备、农业机器人等提供可靠的、低延迟的网络连接，实现智能化生产；在医疗健康领域，可以为远程手术和医疗影像传输提供高速、稳定的网络支持，推动远程医疗的发展。

4.2.3　NB-IoT

NB-IoT是指窄带物联网（Narrow band internet of things）技术，是一种低功耗广域（LPWA）网络技术标准。基于蜂窝技术，用于连接使用无线蜂窝网络的各种智能传感器和设备，聚焦于低功耗广覆盖（LPWA）物联网（IoT）市场，是一种可在全球范围内广泛应用的新兴技术。

NB-IoT技术可以理解为是LTE技术的"简化版"，NB-IoT网络是基于现有LTE网络进行改造得来的。LTE网络为"人"服务，为手机服务，为消费互联网服务；而NB-IoT网络为"物"服务，为物联网终端服务，为产业互联网（物联网）服务。NB-IoT网络只消耗大约180kHz的带宽，使用License频段，可采取带内、保护带或独立载波3种部署方式，与现有网络共存。可直接部署于GSM网络、UMTS网络或LTE网络，以降低部署成本，实现平滑升级。

4.2.3.1　NB-IoT网络结构

NB-IoT技术的网络结构主要包括终端设备、基站、核心网和云平台等，其端到端系统架构如图4-1所示。

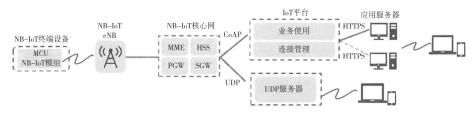

图4-7　端到端系统架构

（1）终端设备。UE（User equipment），通过空口连接到基站［eNodeB（evolved Node B、E-UTRAN基站）］。

（2）基站。物联网设备连接的桥梁，它负责与物联网设备进行通信，并将数据传输到核心网。

（3）核心网。EPC（Evolved packet core），是NB-IoT技术网络结构中的关键部分，它负责管理和控制整个网络，并提供数据传输、计费、安全等服务。核心网可以连接多个基站，实现对物联网设备的大规模扩展。与传统的移动通信网络相比，NB-IoT技术的核心网具有更高的灵活性和可扩展性，能够更好地满足物联网设备的需求。

（4）应用服务器。以电信平台为例，应用server通过http/https协议和平台通信，通过调用平台的开放API来控制设备，平台把设备上报的数据推送给应用服务器。平台支持对设备数据进行协议解析，转换成标准的json格式数据。

4.2.3.2　NB-IoT通信协议

当前NB-IoT设备和物联网平台通信的主流通信协议是CoAP和LWM2M

协议。

受限制的应用协议（Constrained application protocol，CoAP）运行于UDP协议之上，它最大的特点就是小巧，最小的数据包仅4字节。CoAP是一个完整的二进制应用层协议，它借鉴了HTTP协议的设计并简化了协议包格式，降低了开发者的学习成本。

轻量级M2M（Lightweight machine-to-machine，LWM2M）协议是由OMA（Open mobile alliance）提出并定义的基于CoAP协议的物联网通信协议。LWM2M协议在CoAP协议的基础上定义了接口、对象等规范，使得物联网设备和物联网平台之间的通信更加简洁和规范。

4.2.4　LoRa

LoRa（Long range radio）（图4-8）是一种低功耗局域网无线标准，其目的是解决功耗与传输距离的矛盾问题。一般情况下，低功耗则传输距离近，高功耗则传输距离远，LoRa技术解决了在同样的功耗条件下比其他无线方式传播的距离更远的技术难题，实现了低功耗和远距离两种兼顾的效果。

图4-8　LoRa通信图标

4.2.4.1　LoRa技术原理

LoRa是一种基于啁啾扩频（Chirp spread spectrum，CSS）调制技术的无线通信方案。其工作原理在于通过线性频率调制（LFM）产生"啁啾"信号，每个数据包的载波频率随着时间线性变化。这种调制方式允许信号在强干扰环境下保持良好的穿透力与抗多径衰落能力，从而实现远距离传输。

LoRa同时采用了正交频分多址技术（OFDM）。正交频分多址技术是一种将不同的子载波进行正交传输的技术，它可以将多个子载波同时传输不同的信号，实现对不同信号的分离和识别。LoRa技术利用正交频分多址技术，可以同时传输多个信号，提高了信道利用率。

LoRa还采用了自适应速率和功耗控制技术。根据不同的信道条件和数据传输需求，LoRa技术可以动态地调整传输速率和功耗，以提供最佳的性能和能效。当信道条件较好时，LoRa技术可以选择较高的传输速率以提高数据传输的效率；而当信道条件较差时，LoRa技术会自动调整传输速率和功耗，以保证数据传输的稳定性和可靠性。

4.2.4.2 LoRa的协议栈

LoRaWAN是LoRa联盟发布的一个基于开源MAC层协议的低功耗广域网通信协议。主要为电池供电的无线设备提供局域、全国或全球的网络通信协议。LoRaWAN定义了网络的通信协议和系统架构，而LoRa物理层能够使长距离通信链路成为可能。LoRaWAN自下而上设计，为电池寿命、容量、距离和成本优化了LPWAN（低功耗广域网）。协议架构如图4-9所示。

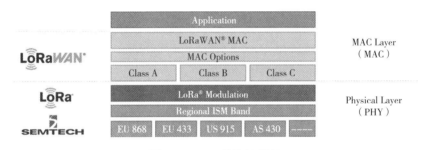

图4-9　LoRa的协议框架

协议最底层为RF射频层（Regional ISM，区域性免费频段），支持的频段有欧洲的US868、EU433，美国的US915，亚洲的AS430，这里的数字表示频率。

L1层为LoRa Modulation（模式调试与编码）层，实现对数字信号的无线编码调制。包括扩频编码调制与移频键控编码调制FSK。

L2层为LoRa MAC（MAC层），实现LoRa终端的无线链路管理，包括上述描述的终端的3种工作模式的管理。同时还定义了MAC层的数据包封装格式。

4.2.4.3 LoRa系统架构

LoRa网络架构的核心是星形拓扑结构。在这个架构中，设备（也称为终端节点）通过无线信道与一个或多个LoRa基站进行通信。这些基站负责管理和调度与其关联的终端设备，然后通过网络连接到云端服务器。在云端服务器上数据进行处理、存储和分发。

Concentrator为LoRa基站，实现LoRa终端节点接入和汇聚功能。LoRa基站可以通过以太局域网或2G/4G/5G的公共移动通信网，连接到LoRaWAN广域网服务器。Network Server是LoRa的核心网，用于管理LoRa网络中所有的LoRa节点。Application Server是由不同业务领域的服务器组成，并通过Web或手机接入的方式向用户提供业务服务。

与通用物联网架构的区别是，在此架构中没有一个显式的、支持各种物联网无线接入的、通用的物联网云平台层。该云平台可以从Application Server中分离出来，处于Network Server和Application Server之间，可以与Network Server一起部署。

4.2.5　Zigbee

ZigBee是一种低功耗、低数据速率的无线通信协议，旨在为物联网（IoT）设备之间的通信提供可靠的解决方案。它基于IEEE 802.15.4标准，使用低功耗射频技术进行通信，适用于需要长期运行的设备，如传感器、无线开关和监控设备等。ZigBee无线通信技术可于数以千计的微小传感器相互间，依托专门的无线电标准达成相互协调通信，因而该项技术常被称为Home RF Lite无线技术、FireFly无线技术。ZigBee无线通信技术还可应用于小范围的基于无线通信的控制及自动化等领域，可省去计算机设备、一系列数字设备相互间的有线电缆，更能够实现多种不同数字设备相互间的无线组网，使它们实现相互通信，或者接入因特网。

4.2.5.1　ZigBee网络拓扑结构

（1）ZigBee网络中，定义了3种网络设备，分别是协调器、路由器和终端设备。

①Zigbee协调器（Coordinator）：上电启动和配置网络，一旦完成后相当于路由器功能。每个Zigbee网络必须有一个。

②Zigbee路由器（Router）：允许其他设备接入、协助子节点通信、座机座位终端节点应用。

③Zigbee终端设备（End-device）：向路由节点传递数据、没有路由功

能、低功耗（终端节点一般使用电池供电、Zigbee的低功耗主要体现在这里）、可选择休眠与唤醒。

（2）ZigBee网络拓扑结构主要有3种类型，即星型（Star）、树型（Tree）和网状型（Mesh）。这些结构的选择取决于网络的具体需求，如节点数量、通信距离、数据可靠性等。

①星型（Star）：Zigbee星状网络在3种网络拓扑结构中属于最为简单的一种，包含一个协调器和若干个路由器和终端。该结构网络中，每个附属节点只能与中心节点通信，两个附属节点之间通信必须经过中心节点进行数据转发。其网络拓扑结构如图4-10星型模式所示。该拓扑结构优点是结构简单，容易实现，适用于小型网络。缺点是中心节点一旦失效，整个网络将瘫痪；通信距离受限于中心节点的覆盖范围。该拓扑结构常用于智能家居、小型无线传感器网络等。

②树型（Tree）：Zigbee树状网络包含一个协调器，若干个路由器和终端组成，Zigbee树状网络可以看作多个星状结构组成，每个子设备只能与其父节点通信，最高级的父节点为协调器。在树状网络中，协调器负责整个网络搭建，路由器作为承接点，将网络以树状向外扩散。节点与节点之间通过中间的路由器形成"多跳通信"。与星状网络相比，树状网络在容量以及健壮性上有了大幅度提高。其网络拓扑结构如图4-10簇状型模式所示。该拓扑结构优点是网络扩展性好，可以容纳较多的节点；当某个节点出现故障时，不会影响整个网络的运行。缺点是父子节点之间的通信依赖于中间节点，如果中间节点失效，可能会影响整个子树的通信。

③网型（Mesh）：Zigbee网状网络建立在Zigbee树状网络结构上。在Zigbee网状网络中，除了满足Zigbee树状网络的所有功能，其相邻路由器之间可以直接通信，不需要经过其他节点进行数据转发，使网络的动态分布更为灵活，路由能力更加稳定、可靠。充分发挥出Zigbee网络的自组织优势。其网络拓扑结构如图4-10网状型模式所示。该拓扑结构优点是通信可靠性高，即使部分节点出现故障，也能通过其他节点实现通信；网络覆盖范围广，可以实现长距离通信。缺点是实现复杂，需要更多的路由算法和能量管理策略；网络维护成本较高。

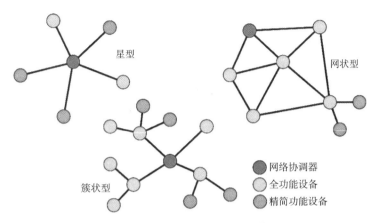

图4-10 ZigBee网络拓扑结构

4.2.5.2 ZigBee协议栈架构

ZigBee协议栈架构可分为4层，即物理层（PHY）、媒体访问控制层（MAC）、网络层（NWK）、应用层（APS），如图4-11所示。其主要由两部分组成，一部分是IEEE 802.15.4定义的物理层（PHY）和媒体访问控制层（MAC）技术规范；另一部分是Zigbee联盟在IEEE 802.15.4基础上对Zigbee协议的网络层（NWK）和应用层（APL）定义的技术规范。

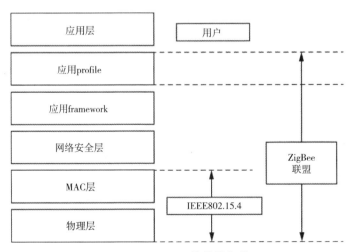

图4-11 ZigBee协议栈架构

（1）物理层（PHY）。物理层定义了无线信号的传输和接收方式，包括无线频段的选择、调制解调方式等。

信道频率选择：ZigBee支持多个频段，包括868MHz、915MHz和2.4GHz，而PHY层会根据环境和使用情况选择合适的频段和信道。

信道接入方式：ZigBee使用IEEE 802.15.4标准定义的信道接入方式，这通常包括CSMA-CA（避免冲突的载波侦听多路访问）机制，以确保设备在接入信道时不会与其他设备发生冲突。

数据传输和接收：PHY层是负责数据在无线信道上传输和接收的关键层。它使用物理层数据协议单元（PPDU）来实现数据的封装和解封装，确保数据在无线环境中的有效传输。

（2）媒体访问控制层（MAC）。

网络协调器产生信标（Beacon）：在ZigBee网络中，网络协调器（通常是网络中的第一个设备）负责产生并发送信标帧。这些信标帧包含了网络的基本信息，如PAN标识符（PAN ID）、超帧规范等，帮助设备同步并发现网络。

支持PAN（个域网）链路的建立和断开：MAC层提供了设备加入和离开网络（即PAN）的机制。当设备想要加入网络时，它会发送一个关联请求，网络协调器会响应这个请求并允许设备加入。类似地，当设备想要离开网络时，它会执行一个断开过程。

为设备的安全性提供支持：MAC层支持基于AES-128的安全机制，确保数据在无线环境中的安全传输。这包括设备之间的认证、数据的加密和解密等功能。

信道接入方式采用免冲突载波检测多址接入（CSMA-CA）机制：如前所述，CSMA-CA是一种避免冲突的载波侦听多路访问机制。MAC层使用这种机制来确保设备在接入信道时不会与其他设备发生冲突，提高了网络的稳定性和可靠性。

处理和维护保护时隙（GTS）机制：保护时隙（GTS）是一种为特定设备或数据流预留的通信时间。MAC层负责处理GTS的请求、分配和维护，以确保对时间敏感的数据能够得到及时传输。

在两个对等的MAC实体之间提供一个可靠的通信链路：MAC层通过使用各种机制（如确认帧、重传等）来确保在两个对等的MAC实体之间建立可靠的通信链路。这些机制有助于减少数据传输中的错误和丢包，提高了通信的可靠性。

（3）网络层（NWK）。

产生网络层的数据包：当网络层接收到来自应用子层的数据包，网络层对数据包进行解析，然后加上适当的网络层包头向MAC传输。

网络拓扑的路由功能：网络层提供路由数据包的功能，如果数据包的目的节点是本节点的话，将该数据包向应用子层发送。如果不是，则将该数据包转发给路由表中下一节点。

配置新的器件参数：网络层能够配置合适的协议，比如建立新的协调器并发起建立网络或者加入一个已有的网络。

（4）应用层（APS）。Zigbee应用层包括应用支持子层APS、应用框架AF、Zigbee设备对象ZDO。

应用支持子层APS负责提供一个数据服务给应用和Zigbee设备规范，也提供一个管理服务以维护绑定链接和它字节绑定表的存储。

应用框架AF提供了一个如何在Zigbee协议栈上进行规范描述的机制。它规定了一系列规范的标准数据类型，协助服务发现的描述符，传输数据的帧格式等。

Zigbee设备对象ZDO定义了一个设备在网络中的角色（协调器、路由器或者终端节点），发起或者应答绑定和发现请求，并在网络设备间建立一个安全关系。它同时也提供定义了Zigbee设备规范里的一套丰富的管理指令。

4.2.6　蓝牙

蓝牙技术是一种无线通信技术，用于在短距离范围内传输数据和建立设备间的连接。它由瑞典蓝牙特别兴趣小组（Bluetooth Special Interest Group）开发，并在1994年由电信巨头爱立信公司（Ericsson）推出。目前，最新的蓝牙核心规范是5.4版本，重点是增强了其他通信能力、安全性和通信效率。

4.2.6.1　蓝牙核心系统架构

（1）最小配置。蓝牙核心系统（图4-12）由主机和控制器组成。蓝牙BR/EDR核心系统的最小配置包括蓝牙规范定义的4个最低层〔BR/EDR射频物理层（PHY）、链路控制器（LC）、基带资源管理器、链路管理器〕

以及一个公共服务层协议（服务发现协议，Service discovery protocol，SDP）、通用访问规范（Generic access profile，GAP）。

蓝牙LE核心系统的最小配置包括蓝牙规范定义的4个最低层［BR/EDR射频物理层（PHY）、链路控制器（LC）、基带资源管理器、链路管理器］、两个公共服务层协议（Security manager protocol，SMP，安全管理协议；Attribute protocol，ATT，属性协议）、通用属性配置规范（Generic attribute profile，GATT）、通用访问规范（Generic access profile，GAP）。

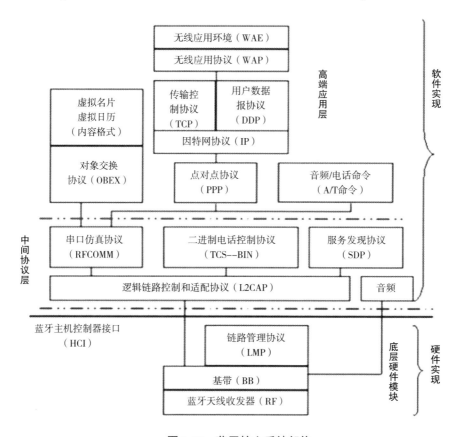

图4-12 蓝牙核心系统架构

（2）主机（Host）架构模块。

信道管理器（Channel manager）：主要负责创建、管理和关闭用于传输服务协议和应用层数据流的L2CAP信道。信道管理器利用L2CAP协议与远程（对端）终端上的信道管理器进行交互，以创建L2CAP信道。信道管理器与本地链路管理器或AMP PAL进行交互，以创建新的逻辑链路和配置这些链路，从而为传输数据提供所需的服务质量。

L2CAP资源管理器（L2CAP resource manager）：主要负责管理传递给基带PDU片段的有序性和信道之间的调度，以确保具有QoS承诺的L2CAP通道不会因为控制器资源耗尽而被拒绝访问物理通道。还可能执行流量一致性政策，以保证提交L2CAP SDU在协商的QoS范围内。

安全管理协议（Security manager protoco）：端对端协议，生成加密密钥和身份标识密钥，并存储；使用专有的、固有的L2CAP信道；生成随机地址，并将随机地址解析为已知设备标识；直接与控制器交互，在加密和配对过程中提供加密和鉴权的密钥。

属性协议（Attribute Protocol）：端对端协议，服务器和客户端之间的协议。ATT客户端通过专用的固定L2CAP通道与远程设备上的ATT服务端通信。ATT客户端向ATT服务端发送命令、请求和确认。ATT服务端向客户端发送响应、通知和指示。ATT客户端的命令和请求提供了在ATT服务端的对等设备上读、写属性值的方法。

通用属性规范（Generic attribute profile）：描述属性服务器的功能，选择性地描述属性客户端的功能。描述了服务层次、特点，以及属性服务器的属性；提供发现、读、写以及服务特点和属性的接口。

AMP管理协议（AMP manager protocol）：使用专有的L2CAP信号信道与远程设备的AMP管理器进行通信；直接与AMP PAL交互，以便于AMP控制；发现远程AMP，并确定其有效性；收集远程AMP信息，以便于建立和管理AMP物理链路。

通用访问规范（Generic access profile）：描述所有蓝牙设备的通用基本功能。GAP服务包括设备发现、连接模式、安全、鉴权、服务发现、关联模型。

（3）BR/EDR/LE控制器架构模块（主控制器）。

设备管理器（Device manager）：用于控制蓝牙设备的行为，负责除数据传输外的所有蓝牙系统的操作，包括搜索附近的蓝牙设备，连接蓝牙设备，标记本地蓝牙设备为可发现的、可连接的等。为了执行相应的功能，设备管理器需要访问基带资源管理器的传输媒介。设备资源管理器通过一系列

HCI命令控制本地设备的行为，如管理设备名字、存储链路密钥等。

链路管理器（Link manager）：负责创建、修改或释放逻辑链路，以及更新设备之间的相关物理链路参数。链路管理器利用链路管理协议（LM，BR/EDR）或链路层协议（LL、LE）与远程蓝牙设备的链路管理器通信。LM、LL协议允许在设备之间创建新的逻辑链路和逻辑通道，控制逻辑链路和通道的属性，如使链路安全、调整BR/EDR物理链路的发送功率、逻辑链路的QoS设置。

基带资源管理器（Baseband resource manager）：负责所有无线媒介的访问，它主要有两个功能，即时间调度器，负责给已协商约定的所有访问实体分配物理信道时间；协商约定，与访问实体协商访问参数，以便于给用户程序提供一个确定的QoS质量。时间调度和协商约定必须考虑到需要主控制器的所用行为，包括已连接设备在逻辑链路和逻辑通道上的所有数据交互，执行查询、连接、可被发现、可连接、可读等的无线媒介使用情况。

链路控制器（Link controller）：编解码蓝牙数据包。蓝牙数据包为物理信道、逻辑传输和逻辑链路的相关数据负载和参数。携带链路控制协议信令（BR/EDR）或链路层协议（LE），包括流控、确认、重传请求信令。

物理层（PHY）：负责物理信道上数据的发送和接收。

4.2.6.2 蓝牙通信拓扑结构

（1）微微网。微微网是通过蓝牙技术以特定方式连接起来的一种微型网络，是实现蓝牙无线通信的最基本方式。一个微微网可以只是两台相连的设备，比如一台便携式电脑和一部移动电话，也可以是8台连在一起的设备。在一个微微网中，所有设备的级别是相同的，具有相同的权限。蓝牙采用自组式组网方式（Ad-hoc），微微网由主设备（Master）单元（发起链接的设备）和从设备（Slave）单元构成（图4-13），有一个主设备单元和最多7个从设备单元。主设备单元负责提供时钟同步

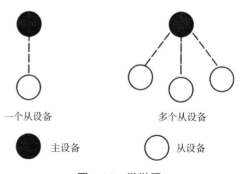

一个从设备　　　　　多个从设备

● 主设备　　　　○ 从设备

图4-13　微微网

信号和跳频序列，从设备单元一般是受控同步的设备单元，接受主设备单元的控制。

虽然每个微微网只有一个主设备，但从设备可以基于时分复用机制加入不同的微微网，而且一个微微网的主设备可以成为另外一个微微网的从设备。每个微微网都有其独立的跳频序列，它们之间并不跳频同步，由此避免了同频干扰。

（2）散射网。散射网（图4-14）是多个微微网相互连接所形成的比微微网覆盖范围更大的蓝牙网络，其特点是不同的微微网之间有互联的蓝牙设备。它靠跳频顺序识别每个微微网，同一个微微网中的所有用户都与该跳频顺序同步。一个散射网，在带有10个全负载的独立的微微网的情况下，全双工的数据速率超过6Mbps。

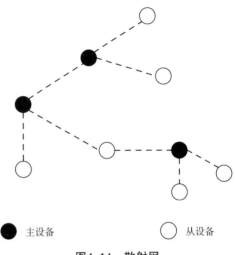

图4-14　散射网

4.2.7　Wi-Fi

Wi-Fi是基于IEEE 802.11标准的无线局域网通信技术，使用2.4GHz和5GHz的频段进行无线通信。第一个Wi-Fi协议于1997年发布，它提供了高达2Mbps的连接速度。从那时起发布了多代Wi-Fi，每一代都提供比前一代更快的速度。最新一代Wi-Fi 6，提供高达9 608Mbps的连接速度，使其比第一代快近5 000倍。

4.2.7.1　Wi-Fi通信的主要特点

无线连接：通过无线信号进行数据传输，减少了布线的麻烦和成本。

高数据传输速率：支持从几Mbps到数Gbps的数据传输速率，具体取决于Wi-Fi的版本。

广泛的覆盖范围：典型的家庭Wi-Fi路由器可以覆盖几十米到几百米的范围，在室外通过专业设备可以达到更远的距离。

兼容性强：几乎所有的智能设备，如手机、平板电脑、笔记本电脑、智能家居设备等，都支持Wi-Fi连接。

4.2.7.2 Wi-Fi的发展

Wi-Fi遵循IEEE 802.11系列标准，该协议的发展如图4-15所示。第一版802.11协议标准在1997年发布后，陆续有很多802.11协议标准也发布出来。

图4-15　Wi-Fi发展路线

4.2.7.3 Wi-Fi主要技术

（1）DSSS直接序列扩频。直接序列扩频（Direct sequence spread spectrum，DSSS）系统是将要发送的信息用伪随机码（PN码）扩展到一个很宽的频带上去。在接收端，用与发端扩展用的相同的伪随机码对接收到的扩频信号进行相关处理，恢复出发送的信息。比如，在发射端将"1"用11000100110代替，而将"0"用00110010110去代替，这个过程就实现了扩频。而在接收机处只要把收到的序列是11000100110就恢复成"1"，00110010110就恢复成"0"，这就是解扩。

（2）OFDM正交分频。OFDM（Orithogonal frequency division multiplexing）即正交频分复用技术，实际上OFDM是多载波调制（Multi-carrier modulation）的一种。通过频分复用实现高速串行数据的并行传输，它具有较好的抗多径衰弱能力，能够支持多用户接入。OFDM是一种特殊的多载波技术，其主要思想是将信道分成若干正交子信道，将高速数据信号转换成并行的低速的子数据流，调制到在每个子信道上进行传输。各个子载波相互正交，扩频调制以后可以互相重叠，不但减少了载波间的干扰，还提高了频谱利用率。

（3）帧聚合。帧聚合技术是一种提高无线网络传输效率的技术。它通过将多个数据帧合并成一个更大的帧进行传输，从而减少了传输过程中的开销和延迟。帧聚合主要有两种类型，即A-MPDU（Aggregate MAC protocol data unit）和A-MSDU（Aggregate MAC service data unit）。

A-MPDU是将多个MPDU（MAC协议数据单元）聚合在一起形成一个大的帧。这些MPDU可以有不同的目的地地址，也可以属于不同的QoS队列。A-MPDU的优点在于，它可以显著减少每个帧传输的物理层开销，比如帧头和尾的开销。

A-MSDU是将多个MSDU（MAC服务数据单元）聚合在一个MPDU中。与A-MPDU不同，A-MSDU中的所有MSDU必须具有相同的目的地地址和QoS属性。

（4）块应答。块应答技术是一种用于提高无线网络传输效率的机制。它允许接收方在接收到一系列数据帧后，通过一个单独的应答帧来确认这些数据帧的接收情况，而不是对每个数据帧逐一进行应答。这样可以显著减少应答帧的数量，降低通信开销，提高网络吞吐量。块应答技术主要包括以下几个步骤。

块应答请求：发送方在发送一系列数据帧之前，首先发送一个块应答请求帧，通知接收方准备进行块应答。

数据帧传输：发送方连续发送多个数据帧，这些帧通常是按照序列号顺序排列的。

块应答：接收方在接收到这些数据帧后，通过一个块应答帧来确认哪些帧成功接收，哪些帧需要重传。

块应答技术是Wi-Fi技术中一项重要的优化手段，通过减少应答开销和提高传输效率，显著改善了无线网络的性能。

（5）MU-MIMO技术。多用户多输入多输出（MU-MIMO）技术是一种用于提高无线网络容量和效率的先进技术。它允许无线接入点（AP）同时与多个设备进行通信，从而显著提升网络的整体吞吐量和用户体验。MU-MIMO技术通过使用多个天线和空间分集技术，使一个无线接入点可以同时向多个设备发送数据。具体来说，MU-MIMO可以在同一时间、同一频率上，通过不同的空间信道与多个设备进行通信。

MU-MIMO技术的运行，通过同时与多个设备通信，MU-MIMO显著提高了网络的容量，减少了设备等待传输的时间，降低了延迟。

（6）RTS/CTS增强。请求发送/清除发送（RTS/CTS）机制是一种用于避免数据碰撞和提高网络效率的协议。它在发送数据前进行一个双向握手过程，在高密度环境和隐藏节点问题较严重的情况下尤其有用。

当AP向某个客户端发送数据的时候，会首先向客户端发送一个RTS报文，这样在AP覆盖范围内的所有设备在收到RTS后都会在指定时间内不发送数据。目的客户端收到RTS后，发送一个CTS报文，这样在客户端覆盖范围内所有的设备都会在指定时间内不发送数据。

RTS/CTS的应用通过在数据传输前进行握手，减少了同时传输导致的数据碰撞现象；某些设备（隐藏节点）可能无法直接通信，RTS/CTS机制可以有效协调这些设备的传输，减少冲突。

5 智慧渔业信息处理技术

随着科技的飞速发展和全球数据量的爆炸式增长，大数据技术及其处理手段日益凸显出其不可或缺的重要性，并逐渐渗透到各行各业，为它们指明了全新的发展方向。对于渔业养殖业而言，这一行业长久以来都面临着诸多不可控因素，特别是水域环境的多变性。这些因素给渔业养殖带来了极大的挑战，但同时也孕育着巨大的发展机遇。通过引入大数据技术，有望更精准地掌握水域环境的变化规律，为渔业的可持续发展提供有力的技术支撑。

大数据处理涉及的技术和方法很多，通常包括数据收集、数据预处理、数据存储、数据分析、数据可视化、结果呈现和解释几个步骤。首先，需要收集来自不同来源的数据，并进行必要的预处理和清洗。其次，将数据存储在分布式文件系统或NoSQL数据库中，以便后续的处理和分析。再使用统计分析、机器学习或深度学习等方法对数据进行处理和分析，以发现数据的内在规律和趋势。最后，将分析结果以图形或图表的形式呈现出来，以便更直观地展示数据的特征和规律。还需要对结果进行解释和解读，以便用户更好地理解和应用分析结果。大数据处理过程如图5-1所示。

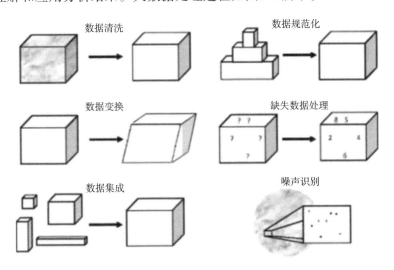

图5-1　大数据处理过程

以下将对一些主要的大数据处理技术和实现进行介绍。

（1）数据收集与预处理。数据收集与预处理是数据分析和建模过程中的关键步骤，它涉及从各种数据源中提取有用信息，并对原始数据进行清洗、转换和整理，以便更好地适应分析模型或算法。

数据收集是指从各种来源（如传感器、数据库、API、文件等）收集和整理数据的过程。在实施数据收集时，需要明确数据来源、数据质量和采集方法。常见的数据收集方法包括网络爬虫、数据库查询和传感器采集等。例如，通过爬虫技术可以从网站上抓取数据，或者从公司的数据库中提取信息。这些数据可能包括文本、图片、视频、音频等不同类型，需要根据后续分析的需要进行整理和筛选。

在收集到原始数据后，通常会进行数据预处理，以确保数据的质量和适用性。数据预处理主要包括以下几个方面。

①数据清洗：处理缺失值、平滑噪声值、识别和处理异常值等。例如对于缺失值，可以采用插值、回归等方法进行填充；对于噪声数据，可以采用分箱、聚类等方法进行平滑处理。

②数据集成：将多个数据源中的数据进行整合，存放在一个一致的数据存储中。在这个过程中，需要解决实体识别、数据冲突等问题。

③数据规约：在保持数据质量的前提下，降低数据的规模和复杂度，以便更快地进行数据处理和分析。常见方法包括数据立方体聚集、维度归约、数据压缩等。

④数据变换：将原始数据转换成适合挖掘的形式。通过特征工程将非数值型数据转换为数值型数据，或者对数据进行归一化处理。

总的来说，数据采集与预处理是数据分析和建模的基础，它们决定了后续分析工作的质量。通过系统地采集和预处理数据，可以确保数据的可靠性和有效性，为后续分析和决策提供坚实的基础。

（2）数据存储。大数据的存储面临着巨大的挑战，因为数据量巨大且种类繁多。为了有效地存储这些数据，通常采用分布式文件系统，如Hadoop的HDFS、Google的GFS等。这些分布式文件系统可以处理大量数据，并且具有良好的扩展性和容错性。此外，NoSQL数据库（如MongoDB、Cassandra等）也是大数据存储的另一种选择，它们可以处理半结构化和非结构化的数据，并提供了灵活的查询能力。

2010年Pentaho公司的创始人兼CTO James Dixon首次提出了数据湖的概念，数据湖是指一个大型数据存储和处理系统，它能够存储各种类型和格式的数据，包括结构化数据、半结构化数据和非结构化数据。数据湖的目的是让企业可以更好地管理和利用大量的数据，以便进行数据分析、机器学习等工作。与传统的数据仓库不同，数据湖可以处理视频、音频、日志、文本、社交媒体、传感器数据和文档，为应用程序、分析和人工智能提供动力。在挖掘更多数据价值的过程中，企业不断拓展边界。在云计算的帮助下，企业常常将数据湖技术与数据仓库整合到一个架构中，即"湖仓一体"。湖仓一体可带来更多优势，例如更紧密的集成、更少的数据移动、更出色的数据治理，以及支持更多使用场景。

（3）数据处理。大数据的处理主要包括数据清洗、数据转换和数据聚合等。数据清洗是去除重复、无效或错误的数据，以确保数据的质量和准确性。数据转换是将数据从一种格式或结构转换为另一种格式或结构，以满足后续分析或应用的需求。数据聚合则是将来自不同来源的数据整合在一起，形成综合的数据集，以便进行更全面的数据分析。

（4）数据分析。数据分析是大数据处理的核心环节，包括统计分析、机器学习、深度学习等多种方法。统计分析主要是利用统计学原理对数据进行描述和分析，以发现数据的内在规律和趋势。机器学习则是利用计算机算法对数据进行自动化的分类、预测和聚类等操作，以发现数据的潜在模式和应用价值。深度学习则是利用神经网络模型对数据进行深入地学习和挖掘，以实现更复杂的应用场景和更高的预测精度。

（5）数据可视化。数据可视化是将数据分析结果以图形或图表的形式呈现出来，以便更直观地展示数据的特征和规律。数据可视化工具包括Tableau、Power BI、D3.js等，它们可以将数据以直观、易理解和交互式的方式呈现给用户，帮助用户更好地理解和分析数据。

5.1 结构化数据处理技术

结构化数据作为一种按照严格固定格式或模式组织的信息，其独特之处在于其规范性和可预测性。这类数据通常被精心储存在关系型数据库中，以确保数据的完整性和准确性。更为直观的是，结构化数据可以通过二维表格的形式进行逻辑表达，使数据的查询、分析和处理变得更为高效和便捷。在渔业养殖业的实际应用中，结构化数据的这种特性可以帮助人们更精准地把握水域环境的各种参数，从而更有效地应对行业中的不可控因素，推动渔业的智能化和可持续发展。其特点如下。

第一，预定义的数据模型。结构化数据遵循一个明确的、预先设定的数据模型。这意味着每个数据字段都有特定的类型和长度，且每条记录都按照相同的格式进行组织。

第二，二维表结构。这些数据通常以行和列的形式存储，类似于电子表格或数据库中的表。这种结构使数据的查询和分析变得高效且方便。

第三，数据完整性和一致性。由于结构化数据遵循严格的格式规范，因此它们具有较高的数据完整性和一致性。这对确保数据质量和准确性非常重要。

第四，关系型数据库存储。结构化数据主要通过关系型数据库进行存储和管理，这允许使用SQL等查询语言对数据进行操作和分析。

第五，支持复杂查询。由于结构化数据的组织方式，可以对其执行复杂的查询操作，如连接、过滤和聚合，从而提取有价值的信息。

第六，标记和语义元素。半结构化数据是结构化数据的一种形式，它包含用于分隔不同语义元素的标记，并对记录和字段进行分层。

第七，搜索引擎优化。结构化数据还可以用于改善网站在搜索引擎结果中的展示，通过结构化数据标记，可以在搜索结果中显示丰富的网页摘要，提高用户的上网体验。

总结来说，结构化数据以其规范化的组织方式，为数据的存储、查询和分析提供了便利，是现代数据库管理和数据分析的基础。

5.1.1　数据预处理

5.1.1.1　数据清洗

渔业数据中数据不完全是一个显著的问题，这限制了数据的完整性和准确性，进而影响了数据分析和应用的效果。渔业数据采集时会受到环境、水质等不可控因素的影响，产生噪声数据和不一致数据等问题，这也是影响数据处理和应用的一个重要因素。因此在大数据领域，数据清洗是一个至关重要的步骤，它直接关系到数据分析结果的准确性和可靠性。以下是详细的数据清洗步骤和方法。

（1）理解数据。在开始清洗之前，首先要对数据集进行全面的理解。这包括了解数据字段的意义、数据类型（如文本型、数值型、逻辑型）以及可能存在的错误值。

（2）选择子集。根据分析需求，选择需要进行分析的数据列，对于不参与分析的数列可以进行隐藏处理，以避免干扰。

（3）列名重命名。如果数据集中出现相同或含义相近的列名，为了清晰起见，应对某些列名进行重命名。

（4）删除重复值。检查并删除数据中的重复记录，通常保留重复数据中的第一条记录。

（5）处理缺失值。缺失值的处理是数据清洗中非常重要的一环。处理方法如下。

①计算缺失比例：首先计算每个字段的缺失值比例，然后根据比例和字段的重要性制定相应的处理策略。

②删除不重要或缺失率过高的数据：如果某些数据不重要或缺失率过高，可以考虑直接删除这些字段。

③填充缺失数据：对于重要数据或缺失率较低的数据，可以采用以下方法填补。

—根据业务知识或过往经验推测填充。

—利用同一指标数据的统计结果（如均值、中位数等）填充。

—利用不同指标数据推算结果填充。

—用回归、使用贝叶斯形式化方法的基于推理的工具或决策树归纳确定。

④重新获取数据：对于缺失率高且重要的数据，可以与业务人员合作探讨是否有其他渠道重新获得数据的可能性。

（6）"光滑"数据。数据中存在随机误差和波动，可能由于测量设备的不精确、环境因素的干扰或其他随机因素导致的。为此可通过分箱、回归、聚类等方法来光滑噪声数据。

（7）一致化处理。确保数据的格式和单位在整个数据集中保持一致，例如日期格式统一、货币单位统一等。

（8）数据排序处理。对数据进行排序，以便更好地发现异常值或错误。

（9）异常值处理。识别并处理异常值，这些可能是由于输入错误或其他原因造成的不合理数据点。

（10）关联性验证。如果数据来自多个来源，需要进行关联性验证，以确保数据之间的一致性和准确性。

总的来说，在进行数据清洗时，应该遵循一定的流程和方法论，同时也要注意数据的安全性和隐私保护。在实际操作中，数据清洗往往需要结合具体的业务场景和数据分析目标来进行，因此可能需要定制化的清洗策略。此外，数据清洗过程中应该定期备份数据，以防不慎删除或更改重要数据。

5.1.1.2　数据集成

数据集成在大数据处理过程中是至关重要的一步，它涉及数据的整合、清洗、转换、融合等过程，确保了来自不同源的渔业数据能够被有效地合并和统一处理。良好的数据集成有助于减少结果数据集的冗余和不一致等问题，从而提高数据挖掘的准确性和利用效率。

（1）数据整合。将来自多个不同来源、不同格式的数据整合到一个统一的数据存储系统，例如数据仓库或数据湖，以便统一管理、分析和利用这些数据资源。

（2）数据清洗。对来自多个来源、各具特征的数据进行清洗和预处理，旨在消除数据中的噪声、处理缺失值、识别并处理重复数据等问题，以确保数据质量和一致性，为后续分析和应用提供可靠的数据基础。

（3）数据转换。将不同格式、结构的数据转换为统一的格式和结构。

（4）数据融合。将来自多个不同来源的数据进行整合，以获得更全面、准确的数据视图。

在数据集成时，需要面临很多问题。渔业领域数据本身就具备其特殊性和专业性，且包含了大量专业术语和专有名词，如渔业标准号、指标名等。这些术语具有其独特性，想要通过计算机判断出两个专业术语间是否表明相同的属性，需要考虑如何有效地进行术语的标准化和映射。其实这个问题也普遍存在于各种数据集里，通常可以通过属性的元数据来解决此问题，但由于渔业数据相对特殊要获得一个较好的集成结果，需要依赖于先进的自然语言处理技术和领域知识库。同时，由于渔业数据可能来自多个不同的数据源，数据的格式、结构和质量也可能存在较大的差异，这进一步增加了数据集成的难度。因此，在渔业数据集成过程中，需要综合运用数据清洗、转换、对齐等多种技术手段，确保不同来源的数据能够准确、高效地合并和统一处理，从而为后续的数据挖掘和分析提供可靠的基础。

以下是大数据处理中数据集成的步骤和方法。

①多级视图机制：

底层数据表示：局部模型的局部格式，如关系和文件。

中间数据表示：公共模式格式，如扩展关系模型或对象模型。

高级数据表示：综合模型格式。

两级映射：第一级映射涉及将数据从局部数据库中提取出来，经过数据翻译、转换并集成为符合公共模型格式的中间视图。第二级映射进行语义冲突消除、数据集成和数据导出处理，将中间视图集成为综合视图。

②ETL工具：

提取（Extract）：从源系统中抽取数据。

转换（Transform）：对抽取的数据进行清洗、转换和重新格式化。

加载（Load）：将转换后的数据加载到目标数据库或数据仓库中。

ETL工具（图5-2）通常包括数据抽取、数据转换、数据加载等功能模块，能够快速、高效地完成大规模数据的集成任务。常见的ETL工具有Apache NiFi、Talend、Apache Spark、Apache Camel、FineDataLink等。

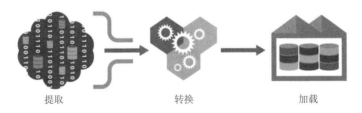

提取　　　　　　　　　转换　　　　　　　　　加载

图5-2　ETL工具

③API集成：利用各种应用程序接口（API），如REST API或SOAP API，将不同系统或数据源连接起来。

通过API调用，可以从源系统获取数据，并在目标系统中进行存储和利用。

API集成具有灵活性高、可扩展性强等优点，特别适用于微服务架构和云计算环境。

④模式集成：这是数据库设计的一部分，涉及将不同数据源的模式合并到一个统一的模式中。在实际应用中，模式集成可能会遇到命名、单位、结构和抽象层次等冲突问题，需要设计者根据经验进行解决。

综上所述，大数据处理中的数据集成是一个复杂的过程，需要结合多种技术和方法来实现。这些步骤和方法的选择和应用，取决于具体的业务需求、数据特性以及系统的架构设计。

5.1.1.3 数据归约

渔业产业涉及多个方面，包括渔业资源调查、渔业生产、渔业经济、渔业环境等多个领域，每个领域都可能有大量的数据需要收集、整理和分析。且所涉及的数据类型多样、数据来源广泛，如海洋、渔业和渔船渔港AI模型算法数据集，其包含了行业多年所积累的1 000T以上的多元原始数据资源，因此数据集可能非常大。在海量数据上进行复杂的数据分析和挖掘需要很长时间，使这种分析变得不现实、不可行。数据归约技术应运而生。

数据归约，在尽可能保持数据原貌的前提下，最大限度地精简数据量，在归约后的数据集上挖掘更有效，并产生几乎相同的分析结果。其归约策略包括数据立方体聚集、维归约、数据压缩、数值归约以及离散化和概念分层生产。

（1）数据立方体聚集。数据立方体是一类多维矩阵，让用户从多个角度探索和分析数据集，通常是一次同时考虑3个因素（维度），最底层的方体对应于基本方体，基本方体对应于感兴趣的实体，数据立方体堪称方体的格，每个较高层次的抽象将进一步减少结果数据。数据立方体作为数据仓库中的重要组成部分，具有多维分析、高效查询、灵活应用等特点，正逐渐成为企业数据分析和决策中不可或缺的重要工具。

（2）维归约。减少所考虑的随机变量或属性的个数。其方法包括小波变换、主成分分析，对原始数据进行转换或投影至一个维度较低的空间，进而精准地识别并剔除那些不相关、弱相关或冗余的属性或维度，从而确保数据的精简性和有效性。

（3）数据压缩。使用编码机制进行数据集压缩是一种有效的方法，它能够通过特定的编码方式减少数据的冗余，从而减小数据集的体积。这种压缩机制可以在保持数据关键信息的前提下，降低数据的存储和传输成本。此外，维归约和数值归约也可以视为数据压缩的一种形式。

（4）数值归约。采用替代性的较小数据表示方式来替换或估计原始数据。这包括但不限于利用参数模型，其中仅需存储模型参数而非全部实际数据，从而显著减少存储空间需求。此外，非参数方法也提供了丰富的选择，如聚类分析、样本选择以及直方图的使用等，这些方法能够在保持数据关键特征的同时，进一步压缩数据规模，提高数据处理效率。

（5）离散化和概念分层生产。采用概念分层的方法，将属性的原始值替换为区间值或更高层次的概念。这种方法允许在多个抽象层面对数据进行探索，从而深入揭示数据内在的规律和模式。概念分层不仅提升了数据挖掘的灵活性，也增强了其深度和广度，成为数据挖掘领域一种不可或缺的有力工具。

5.1.1.4 数据变换

渔业数据多样化，为了便于挖掘需将其变换或统一成适合的形式，有助于提取有用的信息、发现数据中的模式。在数据变换的过程中，可以使用多种不同的方式来转换数据。有4种常用的方法，即聚集、归一化、离散化和规范化。

（1）聚集。对数据进行汇总或聚集，实际上是一个整合和提炼的过程，其目的通常是构建数据立方体，以便在不同抽象层次上进行深入的数据分析。通过汇总或聚集，可以将原始数据中的信息进行有效地组织和归类，形成具有层次结构的数据集合，从而更灵活地满足各种分析需求。

（2）归一化。将属性数据进行比例缩放处理，可以确保它们被调整并限定在一个特定的小区间内，如-1.0~1.0或0.0~1.0。这种处理方式有助于统一数据的量纲和范围，使不同属性之间更具可比性，同时也有助于提升某些数据挖掘算法的效率和准确性。此方法特别适用于需要将数据映射至特定范围内的场景，通过这种方法，不仅可以提升模型的收敛速度，还能有效减小特征间的权重差异。

（3）离散化。将连续型数据转换为离散型数据，本质上是根据一定的标准和规则，将原本连续变化的数值分割成若干个不重叠的区间或类别。数值属性的原始值用区间标签等概念标签替换。这种转换过程允许根据数据的特性和分析需求，对连续型数据进行有效的分类和简化，从而更好地理解和利用数据。离散化的方法有很多种，常用的方法包括等宽法、等频法和聚类法。

（4）规范化。不同的度量单位可能会对数据分析结果造成影响，比如，在某些地区或研究中，鱼的数量可能使用"F"（代表fish）作为单位，而在其他地区或研究中可能使用"M"（代表Metric tons）或"kg"（代表Kilograms）作为单位来衡量鱼的重量。这种不一致性可能导致在比较不同研究或地区的数据时出现误解或偏差。为了避免对度量单位产生依赖性，需要对数据进行规范化，使数据落入一个较小的共同区域。规范化的方法常用的有3种，即最小—最大规范化、Z分数规范化和小数定标规范化。

5.1.1.5　数据存储

在大数据的处理过程中，数据存储技术是至关重要的一环，它涉及如何高效、安全以及可靠地保存和管理海量的数据。以下是一些关于大数据存储技术的要点。

（1）分布式文件系统。为了处理大量的数据，分布式文件系统如Hadoop的HDFS被广泛使用。它们允许数据跨多个硬件设备分布，提高了数据的可访问性和容错性。

（2）NoSQL数据库。传统的关系型数据库在处理大规模数据集时可能遇到性能瓶颈。NoSQL数据库，如MongoDB、Cassandra和HBase等，提供了灵活的数据模型，适合存储结构化、半结构化和非结构化数据。

（3）数据仓库。数据仓库技术如Amazon Redshift和Google BigQuery等，允许用户存储大量数据并执行复杂的查询操作，非常适合于商业智能、数据挖掘和分析等任务。

（4）云存储服务。云计算服务提供商如AWS、Azure和Google Cloud提供了可扩展的存储解决方案，可以根据需要动态增加或减少存储资源，同时也提供了数据备份和灾难恢复的能力。

（5）对象存储。对于非结构化数据或冷数据（不常访问的数据），对象存储服务如Amazon S3是一个非常流行的选择。它们提供了高度可扩展的存储解决方案，并且能够以低成本存储大量数据。

（6）数据湖。数据湖是一个存储未经加工的原始数据的集中式存储库，支持不同格式和结构的数据。数据湖使企业可以在将来对数据进行深度分析和挖掘，而不需要预先定义数据的结构。

（7）实时数据处理。对于需要快速响应的应用，如金融交易和在线广告投放，实时数据处理框架（如Apache Kafka和Apache Storm）可以提供低延迟的数据存储和处理能力。

（8）数据备份与恢复。确保数据的安全是非常重要的。因此，数据存储方案通常包括定期备份和快速恢复机制，以防止数据丢失或损坏。

（9）数据一致性与冗余。在分布式系统中，保持数据的一致性是一个挑战。采用如CAP定理所指导的设计原则，选择合适的一致性模型和冗余策略，以确保系统的可靠性和性能。

（10）数据压缩与去重。为了节省存储空间和提高数据传输效率，数据压缩技术和去重技术在大数据存储中非常重要。

（11）元数据管理。元数据是关于数据的数据，管理好元数据可以协助更好地理解和查询实际数据。

（12）安全性。数据存储技术必须考虑到数据的安全性，包括加密、访问控制和审计日志等措施，以保护数据不被未授权访问或泄露。

综上所述，大数据存储技术是多方面的，不仅包括了存储介质和硬件的选择，还涉及软件层面的优化和管理。随着技术的发展，新的存储技术也在不断涌现，以满足不断增长的数据处理需求。

5.1.2 数据分析

大数据处理过程中的数据分析技术是一系列用于从大量数据中提取信息和知识的方法、工具和应用。这些技术包括但不限于数据挖掘、机器学习、统计分析等，它们共同作用于数据的收集、存储、处理和分析阶段，以支持决策制定和知识发现。

以下是大数据处理过程（图5-3）中涉及的一些关键技术。

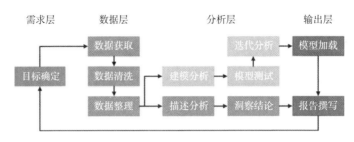

图5-3 大数据处理过程

（1）数据挖掘。数据挖掘是从大量的数据中发现模式、关联和趋势的过程。它使用算法来识别渔业数据中的规律，挖掘出隐藏的规律和趋势，预测渔业资源的变化情况，为渔业管理者提供决策支持。

（2）机器学习。机器学习是一种数据分析技术，是使计算机能够在没有明确编程的情况下进行学习和决策。在大数据环境中，机器学习可以用于从复杂数据集中提取有价值的信息和模式，帮助企业和组织做出更好的决策。

（3）统计分析。统计分析涉及使用数学公式和技术来分析数据集，以推断或验证假设。这包括描述性统计（如均值、中位数）、推断性统计（如假设检验）和预测性模型（如时间序列分析）。

（4）数据可视化。数据可视化是将数据转换为图形或图像形式的过程，以便更容易理解和解释复杂的数据集。这有助于用户快速识别模式、趋势和异常值。

（5）云计算。云计算提供了必要的计算资源和数据存储能力，以支持大规模数据处理和分析。它允许弹性扩展，可以根据需要增加或减少资源。

（6）实时分析。随着数据流的不断涌入，实时分析技术能够即时处理和分析数据，为即时决策提供支持。这对于需要快速响应的市场动态非常重要。

（7）分布式计算。分布式计算框架（如Hadoop和Spark）允许在多个计算节点上并行处理大型数据集，提高了处理速度和效率。

（8）NoSQL数据库。NoSQL数据库支持存储非结构化或半结构化数据，它们通常用于处理大规模的数据集，因为它们提供了灵活的数据模型和水平扩展能力。

（9）数据清洗和预处理。在大数据分析之前，通常需要对数据进行清洗和预处理，以去除噪声、纠正错误、处理缺失值和标准化数据格式。

（10）文本分析和自然语言处理（NLP）。在渔业大数据中，往往包含大量的文本信息，如渔业政策文件、研究报告、渔民日志等。通过文本分析和自然语言处理技术，可以提取这些文本数据中的有用信息，进行情感分析、主题建模等，为渔业政策制定和决策提供辅助。

（11）图分析。图分析用于处理、分析网络和关系数据，可以揭示实体之间的复杂关系和模式。

（12）数据仓库和OLAP。数据仓库用于存储历史数据，而在线分析处理（OLAP）技术允许用户查询多维数据集，以进行深入分析。

总的来说，这些技术并不是孤立使用的，而是相互结合，形成一个强大的数据分析工具集，以应对不断变化的数据处理需求。大数据分析的目标是从海量数据中提取有价值的信息，帮助企业和组织做出更明智的决策，优化运营，发现新的商机，并最终提高整体效率和竞争力。

5.1.3 数据可视化

数据可视化旨在通过图形表示清晰有效地表达数据，它们帮助分析工程师将复杂的数据转化为直观、易于理解的图表和报告。比如应用于水质监测可视化、渔场态势总览的三维可视化、渔业资源分布的可视化、渔业生产流程的可视化等。

5.1.3.1 可视化分类

（1）水质监测可视化。通过传感器实时监测水质参数，如溶解氧、氨氮、亚硝酸盐、pH值等，并将这些数据以图表或实时更新的仪表盘形式展示。这有助于养殖人员快速判断水体的质量，预测水产疾病发生的可能性，并及时采取相应措施。

（2）渔场态势总览的三维可视化。利用三维可视化技术构建渔场的精细化三维模型，通过交互界面展示渔场、水质、设备等关键指标的综合监测分析结果。这种方式有助于管理者全面掌控渔场的运行态势，实现资源的统一管理（图5-4）。

图5-4　渔场态势总览的三维可视化

（3）渔业资源分布的可视化。通过遥感技术和声呐设备收集的数据，可以将渔业资源的分布和数量以图像或地图的形式展示。这不仅有助于渔民选择合适的捕鱼地点和时间，还能为渔业管理部门提供科学依据，制定合理的渔业保护和管理政策。

（4）渔业生产流程的可视化。将整个渔业生产流程，如养殖、捕捞、加工等各个环节的数据进行收集并可视化展示。这有助于企业更好地了解生产效率和瓶颈所在，从而优化生产流程，提高经济效益。

随着技术的发展，数据可视化的应用场景和方式也在不断扩展和创新。通过合理的数据可视化，可以将复杂的渔业数据转化为直观、易于理解的信息，为渔业管理者、研究者和决策者提供有力的支持。

5.1.3.2　可视化技术

（1）基于像素的可视化技术。基于像素的可视化技术通常用于展示和解析复杂的空间信息和数据分布模式。将每个数据值映射成一个带颜色的像素。在可视化过程中，根据数据集的维数把屏幕分为若干个子窗口，每个子窗口用于显示数据的一维信息。这样，通过将数据映射到像素上，并在屏幕上以不同颜色、亮度或大小展示这些像素，可以直观地表示出数据的分布、趋势和关系。这种技术特别适用于处理大规模数据集，因为它能够以直观的方式展示数据的全局和局部特征，帮助用户更好地理解和分析数据。

在渔业行业中，可以利用像素化热图来展示渔业活动的强度或频率。热图中的不同颜色或亮度级别可以代表不同级别的渔业活动，从而揭示渔业活动在空间和时间上的变化模式。这种可视化方法有助于识别渔业活动的热点区域或时段，为渔业管理和决策提供科学依据。

（2）几何投影技术。基于像素的可视化技术对于多维数据的意义不大。几何投影技术可以帮助用户发现多维数据集，是将高维空间在二维上显示的一种可视化技术。

（3）基于图符的技术。基于图符的可视化技术主要利用少量图符来表示多维数据集，这些图符可以是各种符号、图标或图形，用以直观展示数据的特征、分布和关系。其原理在于将复杂的数据信息转化为简洁易懂的图符形式，从而帮助用户更快速、更准确地理解和分析数据。

（4）基于图形的技术。基于图形的可视化技术主要是利用图形元素（如点、线、面等）来表示数据，并通过颜色、大小、形状等视觉属性来传达数据的不同特征、属性和关系。这种技术能够将复杂的数据集转化为直观、易于理解的图形表示，帮助用户更好地分析和探索数据。

此外，市场上有许多数据可视化工具可供选择，如Tableau、Power BI、D3.js等。这些工具提供了丰富的功能，可以帮助用户创建静态或交互式的可视化，满足不同的展示需求。

5.1.3.3 数据可视化工具

（1）Tableau。Tableau是一款强大的数据可视化工具，它允许用户通过拖放的方式轻松创建各种图表和仪表板。Tableau支持多种数据源，包括实时数据、Excel、CSV文件等。

使用步骤：

连接到数据源：启动Tableau并连接到所需的数据源。

拖放创建视图：在Tableau中，通过拖拽维度和度量到工作区来创建图表。

自定义设计：调整颜色、标签和其他视觉元素以增强图表的可读性。

组合成仪表板：将多个图表组合成一个仪表板，以便提供全面的数据分析视角。

分享和发布：将仪表板分享给团队成员或发布到服务器上供他人查看。

（2）Power BI。Power BI是微软推出的一款商业智能工具，它允许用户导入数据、创建报告和仪表板，并通过云服务与其他用户共享。

使用步骤：

准备数据：将数据导入Power BI Desktop或使用DirectQuery连接实时数据源。

数据建模：使用Power BI的数据模型功能来整合和塑造数据。

设计报告：选择图表类型并配置数据字段来创建视觉效果。

创建仪表板：将关键图表和指标添加到仪表板中，以便快速查看重要数据。

发布和共享：将报告和仪表板发布到Power BI服务，与他人共享或嵌入到应用中。

（3）D3.js。D3.js是一个JavaScript库，它允许开发者在网页上使用HTML、SVG和CSS来展示数据。D3.js非常适合创建复杂和交互式的数据可视化。

使用步骤：

编写代码：使用JavaScript和D3.js库编写代码来定义数据的可视化方式。

准备数据：确保数据格式适合D3.js的需求，通常是JSON格式。

创建图形：使用D3.js提供的函数和方法来生成图表和图形。

增强交互性：添加事件监听器和动画效果，使图表更加动态和交互式。

部署到网页：将完成的可视化部署到网站上，供用户访问和交互。

综上所述，每种工具都有其特点和适用场景，选择时应根据具体需求和技能水平来决定。Tableau和Power BI提供了较为直观的界面和丰富的模板，适合快速制作报告和仪表板；而D3.js则提供了更高的灵活性和定制能力，适合开发高度定制化的数据可视化应用。

5.2 非结构化数据处理技术

　　非结构化数据是指那些并不遵循既定格式或标准模式的数据集。这些数据类型独具特色，它们没有预设的数据模型作为框架，结构往往是不规则甚至不完整的。与结构化数据相比，非结构化数据更加灵活多变，涵盖了从文本文件、图像、音频到视频等多种多样的形式。在大数据的浪潮中，非结构化数据同样扮演着举足轻重的角色，为各行各业提供了丰富的信息资源和创新机会。对于渔业而言，非结构化数据同样具有潜在的价值，如通过图像识别技术来分析鱼类的生长状况，或利用音频分析来监测水域环境的变化等。

5.2.1　非结构化数据处理形式

　　（1）文本数据。如电子邮件、社交媒体帖子和网页内容等。
　　（2）图像和视频数据。包括个人照片、艺术作品、监控录像和电影等。
　　（3）音频数据。如音乐、语音录音和播客等。
　　（4）办公文档。各种格式的文件，如Word、PDF和Excel等。
　　（5）Web数据。HTML页面、日志文件、XML和JSON文档等。
　　非结构化数据在存储、检索、分析和管理方面具挑战性，因为它们的格式多样且标准不一，难以用传统数据库的二维逻辑表来表现。此外，非结构化数据的特点是它们通常包含更丰富的信息和上下文，这对数据的理解和分析至关重要。

5.2.2　非结构化数据处理步骤

　　非结构化数据的处理同样包含数据收集、数据预处理、特征提取、数据转换、数据存储、数据分析、数据可视化7个步骤。

5.2.2.1　数据收集

　　从社交媒体、网站、传感器等收集非结构化数据。需要确定数据来源，例如PDF文件、社交媒体帖子或电子邮件等。

5.2.2.2 数据预处理

（1）文本清洗（去除噪声、标准化文本）。对原始文本进行初步处理，如去除无用字符、纠正拼写错误、转换文本编码等。然后将文本分割成单词或短语，这是文本分析的基础步骤。另外文本数据处理中还有以下处理方式。

①去除停用词：删除常见但对分析没有太大贡献的词汇，如"的""是"等。

②词干提取/词形还原：将词汇还原到其基本形式，以便进行统一的分析。

③词频统计：计算单词出现的频率，为后续的分析提供数据支持。

④情感分析：判断文本的情感倾向，如正面、负面或中性。

⑤主题建模：识别文本中的主要主题或话题。

⑥实体识别：识别文本中的命名实体，如人名、地名、组织名等。

⑦关系提取：确定文本中实体之间的关系。

（2）图像处理（裁剪、缩放、颜色校正）。调整图像大小、裁剪、去噪、增强对比度等，以提高图像质量。图像数据处理中还有以下处理方式。

①图像分割：将图像分割成多个区域或对象，以便单独分析。

②目标检测：识别并定位图像中的具体对象。

③图像识别：通过模式匹配识别图像内容。

④图像恢复：修复损坏或退化的图像，恢复其原有样貌。

⑤图像增强：通过各种技术手段提高图像的视觉效果。

⑥图像变换：将图像从一个坐标系转换到另一个坐标系，如傅里叶变换。

在处理非结构化数据时，深度学习算法尤其是卷积神经网络（CNN）在图像识别和视频分析中非常有效。而文本分析则依赖于自然语言处理（NLP）技术，包括分词、词干提取、情感分析等步骤。这些技术和步骤共同构成了非结构化数据处理的基础，帮助人们从复杂的数据中提取有价值的信息。

5.2.2.3 特征提取

文本（词频统计、TF-IDF、情感分析）。

图像（边缘检测、颜色直方图）。使用边缘检测、纹理分析等方法提取图像特征。

5.2.2.4　数据转换

将非结构化数据转换为半结构化或结构化格式。

5.2.2.5　数据存储

使用NoSQL数据库（如MongoDB、Cassandra等）或专用存储服务（如Amazon S3）。

5.2.2.6　数据分析

应用深度学习、自然语言处理等高级技术进行数据分析。如利用卷积神经网络（CNN）对图像进行分类。

5.2.2.7　数据可视化

利用特定于非结构化数据的可视化工具展示分析结果。

总体来说，大数据处理需要针对不同数据类型选择合适的工具和技术。结构化数据通常通过传统的数据处理流程，而非结构化数据则更多地依赖先进的技术和算法，如机器学习和深度学习。两种数据类型的处理都需要清晰的逻辑和严谨的步骤，以确保数据的准确性和有效性。

5.3　数据处理框架

为了更好地驾驭大数据的浪潮，渔业通常会借助一些成熟且功能强大的大数据处理框架，如Apache Hadoop和Spark等。这些框架不仅提供了丰富的数据处理和分析工具，如MapReduce、Spark Core、Spark SQL和MLlib（机器学习库），还能高效地处理海量的渔业相关数据。通过这些工具，渔业从业者能够深入挖掘和分析水域环境、养殖条件、生物行为等多方面的数据，从而更精确地预测养殖风险、优化养殖策略。

这些大数据处理框架还具备良好的扩展性和容错性，能够适应渔业养殖业数据不断增长和变化的需求。此外，它们还提供了与云平台的集成能力，使渔业能够灵活地利用云资源进行大规模的数据处理和分析，进一步提升数据处理的效率和灵活性。通过这些技术的应用，渔业正逐步迈向智能化、精准化的新时代。

5.3.1　Apache Hadoop框架

Apache Hadoop是一个开源的、分布式大数据存储和处理框架，可以部署在1台乃至成千上万台服务器节点上协同工作。个人或企业可以借助Hadoop构建大规模服务器集群，完成海量数据的存储和计算。Apache Hadoop使用Java编写，但开发者可根据大数据项目的要求，自行选择Python、R或Scala等语言进行编程。其中包含的Hadoop Streaming实用程序，允许开发者使用任何脚本或可执行文件作为映射器或还原器来创建和执行MapReduce作业。

它由多个组件组成，主要包括Hadoop Common、Hadoop Distributed File System（HDFS）、Hadoop YARN、Hadoop MapReduce和Hadoop Ozone等。

（1）Hadoop Common。支持其他Hadoop模块的常用实用程序和库。也称为Hadoop Core。

（2）HDFS（Hadoop Distributed File System）。这是一个高度可靠、可扩展的分布式文件系统，设计用来存储海量数据。它能提供高吞吐量的数据访问，非常适合大规模数据处理。

（3）Hadoop YARN（Yet Another Resource Negotiator）。它是一个集群资源管理和任务调度框架，负责管理计算资源并调度用户应用程序的运行。YARN的设计允许多种数据处理模型共存于同一集群中，增强了Hadoop生态系统的灵活性和扩展性。

（4）Hadoop MapReduce。它是一个编程模型，用于处理和生成大数据集。MapReduce将计算任务分解成多个小任务，这些任务可以并行处理，然后汇总结果。这种设计使Hadoop能够高效地处理大规模数据。

（5）Hadoop Ozone。专为大数据应用程序设计的可扩展、冗余和分布式对象库。

此外，Hadoop生态系统还包括其他工具和组件，如Hive、Pig、HBase等，它们各自承担着数据处理、分析和管理的角色，共同构成了一个强大的大数据平台。

总体来说，Hadoop的崛起无疑为大数据技术领域注入了强大的活力，其创新性的设计理念和高效的实现方式已被广泛采纳并应用于多元化的数据处理场景之中。无论是庞大的互联网搜索引擎，还是复杂的企业级数据分析，Hadoop都展现出了其不可或缺的重要性，为各行各业的数据驱动决策提供了强有力的支持。

5.3.2 Spark框架

Apache Spark也是一个开源的大数据处理框架，经常被拿来与Hadoop对比。事实上，Spark最初是为提高处理性能而构建，扩展了Hadoop MapReduce可能支持的计算类型。Spark使用内存处理，因此比MapReduce的读写能力要快得多。虽然Hadoop最适合批量处理大量数据，但Spark既支持批处理，也支持实时数据处理，是流式传输数据和图形计算的理想选择。Hadoop和Spark都有机器学习库，但同样，由于内存处理，Spark的机器学习速度要快得多。

以下为Spark具备的特性。

（1）快速性。Spark能够快速地进行数据处理和分析，这得益于其将数据存储在内存中而不是磁盘上的特性，减少了数据访问时间。

（2）通用性。Spark提供了一套完整的数据处理工具，包括SQL查询、流处理、机器学习和图处理等，这使它可以适用于各种不同的数据处理场景。

（3）可扩展性。Spark设计之初就考虑了水平扩展性，可以轻松地在多个节点上分布计算任务，以处理大规模的数据集。

（4）开发背景。Spark最初由加州大学伯克利分校的AMPLab于2009年开发，并在2010年成为开源项目。它于2013年成为Apache孵化器项目，随后在2014年成为顶级项目。

（5）与Hadoop的关系。Spark可以看作是在Hadoop MapReduce基础上的一种改进，它提供了更高效的数据处理能力和更灵活的计算模型。尽管Spark可以利用Hadoop的资源管理器YARN进行资源调度，但它在性能上通常比MapReduce更加优越，尤其是在需要频繁读写中间结果的作业中。

（6）生态系统。Spark拥有一个强大的生态系统，包括支持批处理的Spark Core、用于交互式SQL查询的Spark SQL、流处理的Spark Streaming、机器学习库MLlib以及图处理框架GraphX。

（7）编程模型。Spark支持多种编程语言，包括Scala、Java、Python和R，使开发者可以使用自己熟悉的语言进行大数据处理。

（8）社区和商业支持。作为一个开源项目，Spark拥有一个活跃的社区，同时它也得到了多家公司的商业支持，确保了其在技术更新和问题解决上的及时性。

综上所述，Spark以其卓越的性能和全面的功能，被公认为大数据处理领域的翘楚。它通过提供极速的数据处理能力、多样化的功能集以及出色的扩展性，为大数据应用提供了强有力的支撑，成为业界广泛采纳和信赖的重要工具之一。

6 智慧渔业建模技术

6.1 渔业生物量统计技术

6.1.1 生物资源量

生物资源是自然资源的有机组成部分，是指生物圈中对人类具有一定经济价值的动物、植物、微生物有机体以及由它们所组成的生物群落。生物资源包括动物资源、植物资源和微生物资源三大类。

海洋渔业资源为人类提供了占总消费量25%以上的优质蛋白源，是人类食物蛋白质的重要来源之一。

6.1.2 渔业资源评估

在了解、掌握渔业种群对象生物学特征的基础上，以一定的假设条件为前提，通过建立数学模型，描述和估算种群的组成结构、资源量及其变动，评估捕捞强度和捕捞规格对种群的影响，掌握种群资源量的变动特征与规律，从而对资源群体过去和未来的状况进行模拟和预测，为制定和实施渔业资源的管理措施提供科学依据。

评估方法有数学分析法、（水体）初级生产力法、生物统计学法及水声学调查法等。

6.1.2.1 数学分析法

开展渔业资源评估研究是制定渔业可持续发展策略的重要前提，应用较普遍的是数学分析方法，即根据鱼类生物学特性资料和渔业统计资料建立数学模型，对鱼类的生长、死亡规律进行研究；考察捕捞对渔业资源数量和质量的影响，同时对资源量和渔获量做出估计和预报，在此基础上寻找合理利用的最佳方案，为制定渔业政策和措施提供科学依据。

1918年巴拉诺夫用数学分析方法研究了捕捞对种群数量的影响。1935年格雷厄姆提出用"S"形曲线近似描绘鱼类种群的增长状况。1954年谢弗以数学方法证明了在中等捕捞水平和资源状况下可得到最大持续产量。20世纪50年代中期，贝弗顿、霍尔特和里克发展了巴拉诺夫理论，进一步研究了捕捞死亡和开捕年龄对渔获量的影响以及亲体和补充量之间的关系，并建立了数学模式。

6.1.2.2　（水体）初级生产力法

（1）收获量法。主要用于水生维管束植物和大型藻类生产量的测定，在一定面积中把所有植株连根取出，水洗净风干后，重量不变时称重即得出单位面积的生物量，前后两次生物量之差即为生产量。

缺点：由于采样间隔期间，可能会有一部分生物量被动物摄食或微生物分解，测定值通常偏低。

（2）黑白瓶测氧法：将几只注满水样的白瓶和黑瓶悬挂在采水深度处，曝光24h，黑瓶中的浮游植物由于得不到光照只能进行呼吸作用，因此黑瓶中的溶解氧就会减少；而白瓶完全暴露在光下，瓶中的浮游植物可进行光合作用，因此白瓶中的溶氧量一般会增加，所以通过黑白瓶间溶氧量的变化，可以估算出水体的生产力。

缺点：①不能测定藻类净产量。②灵敏度低，对贫营养型水体不适用。③瓶内外条件不尽相同，瓶内藻类易死亡，有时细菌附着瓶壁加速养分的周转，这些都影响测定的准确度。④有光和黑暗中呼吸强度不完全相同，玻璃容器大小和曝光时长都会影响结果，容器越大产氧量越高。

（3）放射性^{14}C示踪法。将一定数量的放射性碳酸氢盐或碳酸盐加入已知二氧化碳总量的水样瓶中曝光一定时间后将藻类滤出，干燥后测定藻细胞内^{14}C数量即可计算被同化的总碳量。此方法与黑白瓶法相似，但灵敏性很高且也可在室内进行。

缺点：①设备和技术难以掌握。②藻类分泌出的溶解有机质流入绿叶中可能会产生巨大的误差。

（4）叶绿素法。在一定条件下，光合作用强度与细胞内叶绿素含量直接相关，因此根据叶绿素量和藻类的同化指数，可计算其生产量。

缺点：①叶绿素a含量平均值估算的初级生产力比用黑白瓶法测的值明显偏高。②浮游植物过度繁殖种群老化时，叶绿素法的估计值也会偏高。③测定叶绿素时，对于抽滤过程中是否在滤膜上加MgCO₃，国内外学者看法不一。

（5）遥感监测。水体的光谱特征是由水体中各种光学活性物质对光辐射的吸收和散射性质决定的，叶绿素a是光学活性物质，在水体中，因叶绿素a浓度的不同，其光谱反射峰也会发生变化，基于上述原理，通过反演计算出叶绿素的浓度。此方法具有省时、省物力和人力的优点，开始在海洋中运用的比较多，但近些年内陆水域也渐渐使用此方法。

缺点：①常规遥感数据的分辨率还需要进一步提高。②大气对水体遥感信息获取有着很严重的影响。③内陆水体光谱特征具有复杂性、区域性、季节性等特点，导致同一算法只能在某一区域中保证其精度。④获取遥感数据的卫星在获取数据时会受到仪器自身电路的噪声影响，属于系统误差。

（6）初级生产力深度垂向归纳模型（VGPM模型）。此方法最初是由外国学者通过对大量数据进行演算得到的一个比较普适的计算模型，主要是通过遥感监测方法获得数据进行计算，近些年也有人利用实测的叶绿素a浓度、真光层深度及其他资料作为模型输入。

6.1.2.3 生物统计学法

生物统计学法是一种运用统计原理分析和解释生命现象中数量变化规律的研究方法。主要步骤如下。

（1）数据资料的收集和整理。正确地收集样本数据资料，再由此资料计算统计量，进而推断出总体特征。

（2）对数据资料进行分析和解释。通常采用的分析方法较多，例如对研究样本推断总体的可靠性程度进行显著性检验；对多组试验处理间差异的显著性进行方差分析和协方差分析；研究生物现象两个或两个以上变量之间相互关系的相关分析和回归分析等方法。

（3）实验设计。根据上述统计法的结果和要求制定试验方案及设计与此试验相对应的统计分析方法。如成组、配对、随机化、平衡区组、拉丁方、裂区、正交等试验设计。

6.1.2.4 水声学调查法

在应用最为广泛的海洋渔业领域，水声探测技术主要采用垂直探鱼仪和水平声呐进行鱼群探查，尤其在中上层鱼类的围网和拖网作业中，鱼群的方位、规模、鱼种判别和体长估测等精准声学测量是保障实施精准捕捞作业的关键。

基于水声学的鱼类资源评估方法是目前鱼类行为、种群动态、资源评估与管理的重要手段；与传统的鱼类资源量评估方法相比，水声学方法具有速度快、成本低、耗时少、覆盖面广、准确度高、提供持续数据、可重复性强和不损害鱼类资源等诸多优点。孔德平等（2019）运用科学回声探测仪对邛海的鱼类资源量、空间分布进行了水声学法走航调查评估与分析。

6.2 渔业生物质量评估

6.2.1 体重

最常用的鱼类估计方法为轮廓-长度模型 $[L=f（C）]$ 和长度-质量模型 $[M=g（L）]$，也有研究人员提出利用图像中鱼表面积来估计小型鱼类的质量。

6.2.2 长度

体长作为鱼类主要可测属性之一，是其生长状况监测、水质环境调控、饵料投喂、经济效益估算的重要信息依据。近年来，随着成像技术、计算能力和硬件设备的快速发展，基于机器视觉的无损测量方法迅速兴起，克服了传统方法在鱼体损伤、成本和性能方面的局限性，凭借快速准确、及时高效、可重复批量检测的优势成为鱼体长度测量的有力工具。

鱼的形态学测量方法的发展过程可以分为人工的方法、基于传统视觉的方法、基于机器学习的视觉方法和基于深度学习的视觉方法。最传统的鱼类体长测量方法是手工接触式测量，操作方法是：操作员通过捕捞装置将鱼类捕捞并固定好后，利用经验知识肉眼观察或者皮尺、测量仪等仪器获取体长信息。这种方法的缺点，一是费时费力；二是大量的人力参与会引进操作失误等不确定的主观因素，致使检测结果可靠性低、一致性差、出错率高；三是对被测鱼类造成不同程度的物理损伤，产生一些如神经兴奋、食欲减退等生理应激反应，严重时致使鱼体死亡，不利于鱼类的持续化健康养殖。

随着人工智能的飞速发展，传感器、机器视觉、模式识别等技术在渔业中的应用为鱼类体长测量带来了技术解决方案。

利用计算机视觉技术可以在一定程度上实现鱼体形态学特征的自动测量，成为智慧养殖的一个有力工具。这些基于视觉方法的工作分为两个步骤，一是先采集得到鱼图像；二是采用计算机视觉或图像处理算法计算得到鱼体的形态学特征。

6.2.3　鱼体形态特征评估

形态是认知生物体和建立生物分类系统的重要手段和途径。对于不同种类的生物而言，形态特征是界定分类地位、推测进化路径的重要指标，而对于同种生物而言，形态特征可作为个体发育、系统发生、种群划分与生理生态等研究的重要工具。

6.3　渔业病害诊断技术

近年来，水产养殖病害呈现出发病品种多、病害种类多、流行范围广、发病季节长、病情紧急等趋势。很多养殖户因未能及时确诊病原，采取有效控制措施，给养殖生产带来了损失。病害已成为制约水产养殖业发展、影响渔民增产增收的重要因素之一。

农业农村部在《"十三五"渔业科技发展规划》中明确指出，要加强病害诊断技术研究，建立水产养殖健康生物安保与病害防控技术体系。

智慧渔业疾病诊断技术主要依托于物联网、大数据、人工智能等前沿科技，实现了对水产养殖环境的实时监测、数据分析以及疾病的智能识别和预警。这些技术通过集成水质传感器、高清摄像头、智能算法等硬件设备与软件系统，构建了一套完整的智慧渔业疾病诊断与防控体系，其关键技术与实现方式如下。

6.3.1 水质智能监测

智慧渔业系统利用传感器网络，24h不间断地监测水质参数，如温度、pH值、溶解氧、氨氮含量等。一旦发现异常，系统会立即通过AI算法分析并发出预警，帮助养殖者及时采取措施，有效预防疾病发生。

6.3.2 高清摄像头监控

借助水下高清摄像头，系统能够实时获取养殖水产品的监控影像数据。结合图像识别与机器学习技术，系统能够自动识别鱼类病害症状，如体表病斑、活力下降、脱离群体等，为疾病诊断提供直观依据。

6.3.3 智能诊断算法

智慧渔业系统利用自研的水产病害人工智能算法，对收集到的水质数据和监控影像数据进行综合分析，智能判断水产品是否生病以及生了什么病。这些算法能够基于大量历史数据训练，不断提升诊断的准确性和效率。

6.3.4 水产疾病数据库

系统连接水产疾病大数据库，通过智能比对和分析，为养殖人员提供详细的疾病诊断结果和治疗建议。数据库中的信息包括不同水产品的常见病害、症状表现、防治措施等，为科学防控提供有力支持。

6.3.5 远程专家咨询

智慧渔业系统还提供了远程专家咨询功能。养殖人员在遇到疑难杂症时，可以直接通过系统上传患病水产品的照片、视频等资料，获得专业鱼病专家的直接解答和指导。

6.4 鱼类行为识别技术

计算机视觉技术是在图像处理、人工智能、模式识别等技术的基础上逐渐发展形成的一种新技术，其原理是利用摄像机等成像系统，采集拍摄区域的视频序列图像，再通过图像处理的方式检测和跟踪图像中的运动目标，从而得到目标的参数。

鱼类的生态习性复杂，其栖息的水体环境也经常发生变化，而其游泳行为被视为鱼类实现生存繁衍等生命活动的重要基础。

鱼类行为是指鱼类进行的各种运动，包括游泳、摄食、生殖、呼吸等运动。此外，避敌、攻击、求偶以及改变体色等非运动形式也被列入行为范畴。

6.4.1　鱼类游泳姿态、轨迹

在鱼类的整个生命过程中，温度、溶氧、pH值、光照度、噪声、水体浑浊度，甚至加速流都会对鱼类游泳行为产生影响。并且，游泳行为的变化不仅会对鱼类的生长发育和繁殖活动造成影响，还会对整个鱼群的种群动态产生影响。

6.4.2　摄食行为

摄食行为是水产养殖中最为关键的一部分，鱼群摄食情况直接影响到鱼体生长发育状况。目前在水产养殖中，饲料是基于鱼体质量百分比进行投喂，但由于鱼体质量测量的不精确，饲料精确的投喂量很难获得。而残饲会影响水体环境，尤其是在循环水养殖中，残饲在水体中分解，导致水体中的氨氮和亚硝酸盐氮质量浓度升高，严重影响鱼群的生存环境，进而降低养殖品种的质量。

6.4.3　摄食量

鱼群摄食行为量化算法包含传统面积法、行为特征统计法、纹理特征法与Delaunay三角剖分法。对鱼群摄食行为的量化分析，能够指导养殖人员科学投喂，有助于提高养殖利润，并且能减少因鱼群疾病造成严重损失。

传统面积法：通过典型的图像处理过程，提取图像中的鱼群面积，利用鱼群面积量化鱼群的摄食行为。

行为特征统计法：利用光流法与信息熵统计鱼群的游泳速度和转角信息，以此量化鱼群摄食行为。

纹理特征提取法：通过提取鱼群图像的纹理特征，如对比度、逆差矩等，用这些特征值来表征鱼群的摄食行为。

Delaunay三角剖分法：该方法利用Delaunay三角剖分，通过计算鱼群摄食行为的植绒指数（FIFFB）来量化鱼群的摄食行为。

在4种量化方法中，传统面积法是量化鱼群摄食行为最典型的方法，可定性分析特征量的准确程度，但其易受反光和重叠的干扰，实际应用受到限制。在量化摄食行为中，只采用一种特征计算较为简单，鲁棒性和准确度都较差，故可用多特征量，如面积特征、纹理特征等，共同分析鱼群摄食行为，以此获取较高的准确率。

7 智慧渔业决策支持系统

7.1 决策支持系统

决策支持系统（Decision support system，DSS）是辅助决策者通过数据、模型和知识，以人机交互方式进行半结构化或非结构化决策的计算机应用系统。决策支持系统主要由数据部分、模型部分、推理部分和人机交互部分组成。

7.1.1 DSS的核心概念

（1）决策过程。决策过程是指管理人员从决策问题的发现、定义和分析，到决策实施和评估的整个过程。

（2）决策支持系统。DSS是一种利用计算机和数据库技术为管理人员提供有关组织活动的信息和数据支持的系统。

（3）决策支持工具。DSS的决策支持工具包括数据库、数据仓库、数据挖掘、优化模型、模拟模型、人工智能等。

（4）用户。DSS的用户主要包括管理人员、专业人员和决策制定者。

7.1.2 具体操作步骤

（1）需求分析。根据用户的需求，确定DSS的目标、范围和功能。

（2）数据收集。收集相关的数据和信息，包括内部数据和外部数据。

（3）数据处理。对数据进行清洗、转换和整合，以便于分析和挖掘。

（4）模型构建。根据决策问题的特点，选择和构建合适的决策支持模型。

（5）结果解释。对模型的输出结果进行解释和推导，以帮助用户做出决策。

（6）系统评估。评估DSS的效果和性能，并进行优化和改进。

7.2　决策支持系统模块设计

　　智慧渔业决策支持系统中需要数据采集、数据预处理、数据分析与挖掘、智能决策支持、用户交互界面以及数据安全与隐私保护等关键模块来共同协作，实现渔业生产的智能化决策支持。

7.2.1　数据采集模块

　　功能：负责实时、准确地采集渔业生产过程中的各种数据，包括但不限于水质参数（如pH值、溶解氧、氨氮、亚硝酸盐等）、气象条件、鱼类生长状况、市场供需信息等。

　　实现方式：通过物联网技术，部署各种传感器、监测设备和智能感知设备，如水质监测器、鱼类行为跟踪器等，实现数据的自动化采集和传输。

7.2.2　数据预处理模块

　　功能：对采集到的原始数据进行清洗、整理、集成和变换，以提高数据的质量和可用性。这包括去除噪声数据、填补缺失值、数据归一化等处理步骤。

　　实现方式：利用数据清洗、数据集成、数据变换等数据处理技术，对原始数据进行预处理，为后续的数据分析提供高质量的数据源。

7.2.3　数据分析与挖掘模块

　　功能：对预处理后的数据进行深度挖掘和分析，提取有价值的信息和模式。这包括关联分析、聚类分析、分类与预测、时序分析等方法的应用。

　　实现方式：通过大数据分析平台，运用机器学习、深度学习等人工智能技术，对渔业生产数据进行深度挖掘和分析，为决策提供科学依据。

7.2.4　智能决策支持模块

　　功能：基于数据分析与挖掘的结果，为渔业生产提供实时的决策支持。这包括养殖方案优化、疫病预警与防控、市场需求预测等方面的决策支持（图7-1）。

　　实现方式：通过构建智能决策支持系统，将数据分析结果与渔业生产实际相结合，生成最优的决策方案，并通过可视化界面呈现给决策者。

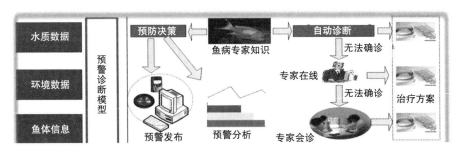

图7-1　预警诊断模型

7.2.5　用户交互界面模块

功能：提供用户与智慧渔业决策支持系统进行交互的窗口。用户可以通过该界面输入查询条件、查看分析结果、接收决策支持建议等。

实现方式：采用响应式设计，开发手机应用或Web应用等用户交互界面，实现用户与系统的便捷交互。

7.2.6　数据安全与隐私保护模块

功能：确保渔业生产数据的安全性和隐私性，防止数据泄露和非法访问。

实现方式：采用加密技术、数据备份、访问控制等安全措施，建立完善的数据安全管理体系，确保数据的完整性和安全性。

7.3　智慧渔业决策支持系统数据层

数据层主要由多个业务数据库组成，是建设系统运行的数据环境。数据中心是按照统一的标准和规范建立的数据环境，是整个系统成功建设和运行的基础。

7.3.1　智慧渔业决策支持系统环境数据采集

7.3.1.1　生产环境数据

生产环境监测数据主要包括水质环境数据（水质溶解氧、温度、盐度、酸碱度、浊度、水位等水质参数实时在线监测）、气象信息数据（降水量、光照、气压、温湿度、风速风向等气象参数实时监测）、养殖设备运行状况监测数据（增氧机、投饵机、循环泵等养殖设备智能控制）、预测预警数据（养殖环境视频监控）、故障诊断数据、自动控制数据（补光系统、消毒系统、进出水系统、温控系统、自动喂养系统、加氧系统）。

水产养殖环境监测在智慧渔业决策支持系统中有四大基本要求，一是温度要求，不同鱼类对水温的要求不同，为了给鱼创造最适宜的温度环境，就要随时掌握池水的温度变化；二是酸碱度要求，池水的酸碱度既影响鱼类的生长生活，又影响到池水中的营养素；三是溶氧值要求，一般鱼类适宜的溶氧值为3mg/L以上，当水中溶氧值小于3mg/L时，鱼停止摄食和生长；四是透明度要求，透明度与水色直接相关，而水色又标志着水的肥瘦程度和水中浮游生物的多少。

7.3.1.2 所需的设备

（1）传感设备。包括温度传感器、浊度传感器、氮氨传感器、盐度传感器、溶解度传感器、pH值传感器等。

主要功能：对水质、水环境信息（温度、光照、余氯、pH值、溶解氧、浊度、盐度、氨氮含量等）进行实时采集，实时检测养殖环境信息，预警异常情况。

（2）智能控制设备。增氧泵控制设备、给排水控制设备、温度控制设备。

主要功能：对水温控制、自动给排水控制、氧浓度控制、光照控制等。

（3）组网方式设备。为了满足不同的应用场景，需要在智能控制设备中内嵌2G/3G模组控制单元，并通过物联网专有网络直接连接到云平台实现单个终端设备的控制、数据采集与下发等功能。

（4）养殖过程精准管理设备。实现水质调控、精准饲喂、疾病预警与快速诊断等功能。

（5）日常管理设备。实现车间巡视、养殖操作记录、员工管理、物资管理等功能。

（6）水产物联网系统设备。养殖水质监控、养殖装备监控、视频监控、饲料鱼药管理、养殖知识库、养殖车间管理、精细化喂养、养殖全过程质量监控等。

7.3.2 智慧渔业决策支持系统数据分析

中央数据库平台对外提供大数据分析能力，依托物联网采集的环境气象数据、水质数据、图像数据，以及农耕生产数据、部门管理数据、消费反馈数据、第三方检测数据，构建鱼类全程可视化追溯数据中心；通过数据挖掘算法，提高海量数据处理速度；根据可视化分析和数据挖掘的结果做出一些预测性的判断，进而实现对生产过程的监管。以下为决策支持系统数据分析常用的数学模型。

7.3.2.1 逻辑回归

逻辑回归（Logistic regression）是一种用于分类问题的线性模型。它通过将输入特征与权重相乘并加上偏置项，然后将结果通过一个sigmoid函数映射到0和1之间的概率值。逻辑回归适用于以下类型的问题。

（1）二分类问题。逻辑回归最常用于解决二分类问题，即将样本分为两个类别。

（2）概率预测问题。逻辑回归可以用于预测某个事件发生的概率，例如预测用户点击广告的概率。

（3）线性可分问题。逻辑回归适用于线性可分的问题，即可以通过一条直线或超平面将两个类别的样本分开。

逻辑回归是一种经典的机器学习算法，它具有以下优点和缺点。

优点：

①计算代价低：逻辑回归的计算代价相对较低，因为它只需要进行简单的线性运算和概率计算。

②易于理解和实现：逻辑回归的原理相对简单，易于理解和实现，不需要太多的数学知识。

③可解释性强：逻辑回归可以通过系数的正负来解释特征对结果的影响程度，从而提供可解释性。

缺点：

①容易欠拟合：逻辑回归在处理复杂的非线性关系时，容易出现欠拟合的情况，导致分类精度不高。

②对异常值敏感：逻辑回归对异常值比较敏感，异常值的存在可能会对

模型的性能产生较大的影响。

③无法处理非线性关系：逻辑回归是一种线性分类器，无法处理非线性关系，对于非线性问题的分类效果可能不理想。

7.3.2.2　支持向量机

支持向量机（Support vector machine，SVM）是一种监督学习算法，广泛应用于分类和回归任务。SVM的核心思想是寻找一个超平面，使两个类别之间的间隔最大化，从而实现良好的分类效果。SVM学习的基本想法是求解能够正确划分训练数据集并且几何间隔最大的分离超平面。

SVM的优点：

①可以解决高维问题，即大型特征空间。

②解决小样本下机器学习问题。

③能够处理非线性特征的相互作用。

④无局部极小值问题。

⑤无须依赖整个数据。

⑥泛化能力比较强。

SVM的缺点：

①当观测样本很多时，效率并不是很高。

②对非线性问题没有通用解决方案，有时候很难找到一个合适的核函数。

③对于核函数的高维映射解释力不强，尤其是径向基函数。

④常规SVM只支持二分类。

⑤对缺失数据敏感。

7.3.2.3　卷积神经网络

卷积神经网络（Convolutional neural network，CNN）是一种计算机视觉领域的深度学习模型，设计灵感来自生物学中的视觉系统，旨在模拟人类视觉处理的方式。在过去的几年中，CNN已经在图像识别、目标检测、图像生成和许多其他领域取得了显著的进展，成为计算机视觉和深度学习研究的重要组成部分。

卷积神经网络是一类包含卷积计算且具有深度结构的前馈神经网络，是深度学习的代表算法之一。卷积神经网络具有表征学习能力，能够按其阶层结构对输入信息进行平移不变分类，因此也被称为"平移不变人工神经网络"。对卷积神经网络的研究始于20世纪80—90年代，时间延迟网络和LeNet-5是最早出现的卷积神经网络。

卷积神经网络具有3个主要类型的层，分别是卷积层、池化层、全连接（FC）层。

（1）卷积层。卷积层是卷积网络的第一层。虽然卷积层可以后跟另外的卷积层或池化层，但全连接层肯定是最后一层。随着层级的递进，卷积神经网络的复杂性也逐步增加，能够识别图像的更多部分。靠前的层关注于简单的特征，比如颜色和边缘。随着图像数据沿着卷积神经网络的层级逐渐推进，它开始识别对象中更大的元素或形状，直到最终识别出预期的对象。

卷积层是卷积神经网络的核心构建块，负责执行大部分计算。它需要几个组件，包括输入数据、过滤器和特征图。假设输入是彩色图像，由三维的像素矩阵组成。这意味着，输入具有高度、宽度和深度3个维度，对应于图像中的RGB。还有一个特征检测器，也称为内核或过滤器，它在图像的各个感受野中移动，检查特征是否存在。这个过程称为卷积。

特征检测器是个二维权重数组，表示部分图像。虽然它们的大小可能各不相同，但过滤器大小通常为3×3的矩阵，这也决定了感受野的大小。然后，过滤器应用于图像的某个区域，并计算输入像素和过滤器的点积。此点积会进而提供给输出数组。接下来，过滤器移动一个步幅，重复这个过程，直到内核扫描了整个图像。来自输入和过滤器的一系列点积的最终输出称为特征图、激活图或卷积特征。

在每次卷积运算之后，卷积神经网络对特征图应用修正线性单元（ReLU）转换，为模型引入非线性特性。

如前所述，初始卷积层可以后跟另一个卷积层。如果是这种情况，卷积神经网络的结构就变成一个分层结构，因为后面层可以看到前面层感受野中的像素。例如，假设尝试确定图像中是否包含自行车。可将自行车视为各种零件的总和，它由车架、车把、车轮、踏板等组成。自行车的每个零件构成神经网络中一个较低层次的模式，而零件的组合则表示一个较高层次的模式，从而在卷积神经网络中形成特征层次结构。

（2）池化层。池化层也称为下采样层，它执行降维操作，旨在减少输入中参数的数量。与卷积层类似，池化运算让过滤器扫描整个输入，但区别在于，这个过滤器没有权重。内核对感受野中的值应用聚集函数，填充输出数组。有两种主要的池化类型，即最大池化和平均池化。

最大池化：当过滤器在输入中移动时，它选择具有最大值的像素，将其发送给输出数组。与平均池化相比，这种方法往往更为常用。

平均池化：当过滤器在输入中移动时，它计算感受野中的平均值，将其发送给输出数组。

虽然池化层中会丢失大量信息，但它还是给卷积神经网络带来许多好处。该层有助于降低复杂性，提高效率，并限制过度拟合的风险。

（3）全连接层。全连接层的名称恰如其分地描述了它的含义。如前所述，输入图像的像素值并不直接连接到部分连接层的输出层，而在完全连接层中，输出层中的每个节点都直接连接到上一层中的一个节点。

该层根据通过先前层及其不同的过滤器提取的特征，执行分类任务。虽然卷积层和池化层一般使用ReLu函数，但完全连接层通常利用softmax激活函数对输入进行适当分类，从而产生0～1的概率。

7.3.2.4 递归神经网络

递归神经网络（Recursive neural network，RNN）是具有树状阶层结构且网络节点按其连接顺序对输入信息进行递归的人工神经网络，是深度学习算法之一。递归神经网络提出于1990年，被视为循环神经网络的推广。当递归神经网络的每个父节点都仅与一个子节点连接时，其结构等价于全连接的循环神经网络。递归神经网络可以引入门控机制以学习长距离依赖。递归神经网络具有可变的拓扑结构且权重共享，被用于包含结构关系的机器学习任务，在自然语言处理领域受到关注。

递归神经网络的核心部分由阶层分布的节点构成，其中高阶层的节点为父节点，低阶层的节点为子节点，最末端的子节点通常为输出节点，节点的性质与树中的节点相同。

7.3.2.5 生成对抗网络

生成对抗网络（Generative adversarial network，GAN）是深度学习领域的一个重要生成模型，即两个网络（生成器和判别器）在同一时间训练并且在极小化极大算法中进行竞争。这种对抗方式避免了一些传统生成模型在实际应用中的一些困难，巧妙地通过对抗学习来近似一些不可解的损失函数，在图像、视频、自然语言和音乐等数据的生成方面有着广泛应用。

生成对抗网络（GAN）由以下两个重要的部分构成。

①生成器（Generator）：通过机器生成数据（大部分情况下是图像），目的是"骗过"判别器。

②判别器（Discriminator）：判断这张图像是真实的还是机器生成的，目的是找出生成器做的"假数据"。

GAN的优点：

①能更好建模数据分布（图像更锐利、清晰）。

②理论上，GAN能训练任何一种生成器网络。其他的框架需要生成器网络有一些特定的函数形式，比如输出层是高斯的。

③无须利用马尔可夫链反复采样，无须在学习过程中进行推断，没有复杂的变分下界，避开近似计算棘手的概率的难题。

GAN的缺点：

①难训练，不稳定：生成器和判别器之间需要很好的同步，但是在实际训练中很容易D收敛，G发散。D/G的训练需要精心设计。

②模式缺失问题：GANS的学习过程可能出现模式缺失，生成器开始退化，总是生成同样的样本点，无法继续学习。

7.3.2.6　文本摘要

随着信息量的爆炸性增长，人们需要处理的文本数据量也在快速增加。文本摘要为用户提供了一个高效的方法，可以快速获取文章、报告或文档的核心内容，无须阅读整个文档。

文本摘要的目标是从一个或多个文本源中提取主要思想，创建一个短小、连贯且与原文保持一致性的描述性文本。

7.4　智慧渔业决策支持系统推理部分

智慧渔业决策支持系统的推理部分是系统的核心功能之一，它依赖于大数据、人工智能等先进技术，对收集到的渔业生产数据进行深度分析，进而为渔业管理者提供科学合理的决策支持。

7.4.1 智慧渔业决策支持系统推理支持

处理层：数据分析评价模型、重大病虫害识别模型、增氧机一体化设备控制模型。

在线监测：解决养殖水质环境的实时在线监测，可监测水温、光照、溶解氧、氨氮、硫化物、亚硝酸盐以及pH值等参数，随时随地掌握全面的养殖条件情况。

温度监测点：温度是影响水产养殖的重要物理因子之一。水温不仅影响水体水质状况，还影响养殖对象的生长发育，通过水温的观测试验，可得出水温与溶解氧含量符合等比级曲线模型，水温与氨氮总量总体呈负相关关系；不同水产生物对水温具有不同适应性，在适合温度内，水温越高，养殖对象摄食量越大，并且饵料系数越小；一般水温越高，水产生物生长速度越快。通过计算养殖对象长期活动积温即可推断某一品种从育苗到商品上市所需时间；水温高低直接决定受精卵的孵化时间，在适合温度内，水温越高孵化时间越短。以上数据表明水温是影响水产养殖产量和品质的重要因素。传统方式养殖大多使用附近的江河作为循环水源，江河水温受气候影响很大，大部分养殖场使用人工测温，数据的准确性和监控力度都难以得到保证。

溶解氧监测点：溶解氧是水生生物正常生理功能和健康生长的必需物质，溶解氧高可以增进水产生物的食欲，提高饵料利用率，加快生长发育。同时溶解氧也是水质改良的必需物质，是维持氮循环顺利进行的关键因素。

pH值监测点：首先，pH值过低，酸性水体容易致使鱼类感染寄生虫病，如纤毛虫病、鞭毛虫病；其次，水体中碳酸盐溶解度受到影响，有机物分解率减慢，天然饵料的繁殖减慢；最后，鱼鳃会受到腐蚀，鱼血液酸性增强，利用氧的能力降低，尽管水体中的含氧量较高，还是会导致鱼体缺氧浮头，鱼的活动力减弱，对饵料的利用率大大降低，影响鱼类正常生长。pH值过高会增大氨的毒性，同时腐蚀鱼类鳃部组织，引起大批死亡。pH值异常在传统养殖模式里不易发现，往往造成的损害比低温、缺氧更大。

智能控制：根据预设条件，可实现控制自动换水、增氧、调温、喂料等设备的工作，满足严苛的水产养殖环境条件要求。每天定时定量开关投喂机，投喂饲料。投喂量、时间可结合养殖水产品类型而定。

自动预警：用户可设置所监测参数的安全阈值，一旦传感器检测到某处水质参数超过安全值域，将发送报警信息通知用户。

多元化展示：云平台可在电脑PC端、手机App端、LED大屏等终端，进行在线监测与远程控制，展现形式为曲线图或数据表格。

数据管理：系统自动存储历史数据，以数据表格形式长期存储，随时查看历史数据，支持数据查询、导出、下载、分析等，导出数据表格形式为Excel。

7.4.2 智慧渔业决策支持系统推理演绎

7.4.2.1 数据预处理

数据清洗：首先，对收集到的原始数据进行清洗，去除噪声数据、填补缺失值、纠正错误数据等，确保数据的质量和准确性。

数据集成：将来自不同设备、不同时间段的数据进行集成，形成统一的数据格式和标准，便于后续的数据分析和挖掘。

数据变换：根据分析需求，对数据进行必要的变换，如数据归一化、降维处理等，以便于算法模型的训练和推理。

7.4.2.2 数据分析与挖掘

统计分析：运用基本的统计分析方法，如均值、方差、趋势分析等，对渔业生产数据进行初步分析，了解数据的整体特征和分布规律。

关联规则挖掘：发现数据项之间的有趣关联或相关性，如不同环境因素对鱼类生长的影响、市场需求与捕捞量的关系等。

聚类分析：将相似的数据项划分为不同的组或簇，以便于发现渔业生产中的潜在模式和规律。例如，可以根据养殖区域的水质状况、鱼类生长速度等指标，将养殖区域划分为不同的类别，以便制定差异化的养殖策略。

分类与预测：构建分类和预测模型，对渔业生产中的关键指标进行预测。例如，可以利用历史产量数据、气候因素、市场价格波动等变量，构建鱼类产量预测模型，为渔业管理者提供产量预测报告。

时序分析：对时间序列数据进行深度分析，揭示渔业生产中的动态变化规律和趋势。例如，可以分析水质参数随时间的变化趋势，及时发现水质恶化等潜在风险。

7.4.2.3 智能推理与决策支持

智能预测：基于大数据分析的结果，运用机器学习、深度学习等算法模型，对渔业生产中的关键指标进行智能预测。例如，可以预测未来一段时间内的渔获量、养殖环境的适宜性等。

决策优化：根据智能预测的结果，结合渔业生产的实际情况，为渔业管理者提供优化决策支持。例如，可以根据预测的鱼群迁徙规律和市场需求预测，优化捕捞时机和捕捞策略；根据养殖环境的实时监测数据和鱼类生长状况，调整养殖方案和饲料投喂策略。

风险评估与预警：通过对渔业生产数据的实时监测和分析，及时发现潜在的风险和隐患，并给出相应的预警和应对措施。例如，可以监测水质参数的变化趋势，及时发现水质恶化等潜在风险；通过鱼类行为监测和分析，及时发现疾病暴发的迹象并给予预警。

可视化展示：将数据分析的结果以图表、报表等形式进行可视化展示，为渔业管理者提供直观、易懂的决策支持信息。这有助于渔业管理者更好地理解数据背后的含义和趋势，从而做出更加科学合理的决策。

7.4.2.4 系统优化与迭代

反馈机制：建立系统的反馈机制，收集渔业管理者的使用反馈和意见，对系统进行持续的优化和改进。

算法模型更新：随着技术的不断发展和数据的不断积累，定期更新算法模型，提高系统的推理精度和决策支持能力。

新技术融合：积极探索和融合新的技术成果，如区块链、5G通信等，为智慧渔业决策支持系统的创新和发展注入新的活力。

7.5 智慧渔业决策支持系统人机交互部分

人机交互（Human-computer interaction，HCI）是指人与计算机之间使用某种对话语言，以一定的交互方式，为完成确定任务的人与计算机之间的信息交换过程（图7-2）。

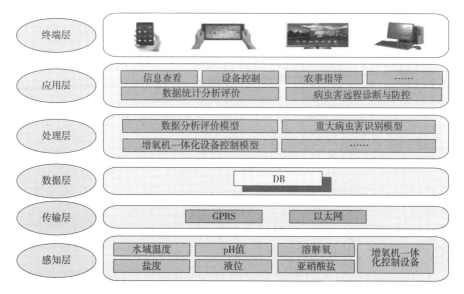

图7-2 人机交互系统架构

7.5.1 功能介绍

设备远程控制功能：当监测到水温低于设定点时，可远程启动供暖设备进行供暖；当监测到水质恶化时，远程启动排污设备进行排污或换水；当水体含氧量超出溶解氧范围时，可远程开启增氧机；当监测水位过低时，远程启动抽水进行蓄水。

自动报警功能：监测到水位过低时，监测到水温过低时（天气变冷），监测到水体含氧量过低时，监测到水质恶化时，启动声音或手机短信报警。

监测数据统计分析功能：对收集到的监测数据进行分类管理；对收集数据进行分析处理；定期生成各类监测统计报表；定期生成各类监测分析报表，用于指导水产养殖。

视频监测系统：在养殖区域内设置可移动视频监控摄像头，实现养殖现场远程实时监控、现场照片定时抓拍、视频存储与回放等功能。该系统可对养殖现场进行24h全天候远程实时视频监控，不仅保障了水产养殖现场的安全生产，还提高了管理人员工作效率以及养殖生产科学管理水平。

智能预警模块：建立完善的气象数据库、水质信息库；利用数据建模等手段对各种因素未来发展的可能性进行推测和估计，并对不正确的状态、极端条件进行预报，提出预防措施，实现农业智能预报预警。

7.5.2　人工智能驱动的决策支持系统

人工智能驱动的决策支持系统（AI-DSS）是一种新型的决策支持系统，它利用人工智能技术（如机器学习、深度学习、自然语言处理等）来实现更智能、更自主的决策支持。

7.5.2.1　AI-DSS的核心概念

（1）数据驱动。AI-DSS依赖于大量数据来驱动决策，并通过机器学习等技术来自动学习和优化决策。

（2）模型驱动。AI-DSS依赖于各种模型（如预测模型、推荐模型、分类模型等）来实现决策支持。

（3）实时性。AI-DSS能够实现实时决策，以满足现代企业和组织的需求。

（4）可扩展性。AI-DSS具有良好的可扩展性，可以根据需求轻松扩展和优化。

7.5.2.2　AI-DSS的核心算法

（1）机器学习算法。机器学习是一种通过从数据中学习规律来实现自动决策的技术。机器学习算法可以分为以下几种。

①监督学习：监督学习算法需要预先标记的数据来训练模型。监督学习可以分为以下几种。

分类：分类算法用于根据输入特征将数据分为多个类别。

回归：回归算法用于预测数值型变量。

②无监督学习：无监督学习算法不需要预先标记的数据来训练模型。无监督学习可以分为以下几种。

聚类：聚类算法用于根据输入特征将数据分为多个组。

降维：降维算法用于减少数据的维度，以提高数据处理的效率和质量。

③强化学习：强化学习算法通过在环境中进行动作来学习最佳的行为。强化学习可以分为以下几种。

Q-学习：一种基于动作值（Q-value）的强化学习算法，用于学习最佳的行为。

深度Q网络：一种基于深度神经网络的强化学习算法，用于学习最佳的行为。

（2）深度学习算法。深度学习是一种通过神经网络来实现自动决策的技术。深度学习算法可以分为以下几种。

卷积神经网络：一种用于处理图像和视频数据的深度学习算法。

递归神经网络：一种用于处理时间序列数据的深度学习算法。

生成对抗网络：一种用于生成新数据的深度学习算法。

（3）自然语言处理算法。自然语言处理是一种通过自然语言来实现自动决策的技术。自然语言处理算法可以分为以下几种。

文本分类：文本分类算法用于根据输入文本将数据分为多个类别。

文本摘要：文本摘要算法用于生成文本的摘要。

机器翻译：机器翻译算法用于将一种自然语言翻译成另一种自然语言。

7.6　决策支持技术在智慧渔业中的重要性

决策支持技术在智慧渔业中扮演着至关重要的角色，其重要性主要体现在以下几个方面。

（1）提高决策效率与准确性。智慧渔业涉及大量的数据收集、处理和分析工作。决策支持技术能够迅速整合这些信息，通过高级算法和模型进行深度挖掘，从而提取出有价值的知识和模式。这使得渔业管理者能够基于更加全面、准确的信息做出决策，大大提高了决策的效率和准确性。

（2）优化资源配置。渔业资源是有限的，如何高效利用这些资源是渔业可持续发展的关键。决策支持技术能够根据实时数据和市场需求预测，为渔业生产提供科学的资源配置方案。这包括养殖密度的调整、饵料的合理投喂、捕捞时机的选择等，从而确保资源的最大化利用。

（3）降低风险与成本。渔业生产面临诸多不确定性，如天气变化、疫病暴发、市场需求波动等。决策支持技术能够通过数据分析，提前预警这些潜在风险，并给出相应的应对措施。这有助于渔业管理者及时调整生产策略，降低损失，从而控制生产成本。

（4）促进渔业智能化与信息化。决策支持技术是智慧渔业的重要组成部分，它推动了渔业生产的智能化和信息化进程。通过集成物联网、大数据、人工智能等先进技术，决策支持系统能够实现渔业生产的自动化监控、智能化管理和信息化服务。这不仅提高了渔业的生产效率，也提升了渔业的整体竞争力。

（5）支持渔业政策制定与评估。决策支持技术还能够为渔业政策的制定和评估提供科学依据。通过对历史数据和当前状况的分析，决策支持系统能够预测不同政策对渔业生产的影响，从而帮助政府制定出更加合理、有效的渔业政策。

由此可见，决策支持技术在智慧渔业中发挥着举足轻重的作用。它不仅提高了渔业生产的效率和管理水平，也为渔业资源的可持续利用和渔业政策的科学制定提供有力支持。随着技术的不断进步和应用场景的拓展，决策支持技术将在智慧渔业中发挥更加重要的作用。

8 智慧渔业控制技术

在现代养殖业中，传统的养殖模式逐渐不能满足市场需求和环境保护的要求。随着科技的迅猛发展，智能控制技术正为水产养殖业带来新的变革和突破。智慧渔业融合了智能控制、物联网、人工智能等新兴养殖模式，正逐渐赢得业界的关注和青睐。

智能控制技术可以提高养殖设施的智能化管理水平。通过使用智能传感器、自动监测系统和远程控制技术，养殖人员可以实时掌握水质、水温、饲料投放量等关键参数的变化情况，从而可以及时调整养殖环境，保证养殖水体的稳定和生物的健康。

智能控制技术提高了养殖效率和产出质量。利用智能自动化设备，养殖人员可以实现对养殖过程的精细化管理，如自动投喂、智能清理等，大大提高了养殖效率，减少了人工成本。同时，智能控制技术可以实现养殖环境的精确调控，保证鱼类养殖的健康和繁殖的正常进行，提高了养殖产出的质量和数量。

智能控制技术还可以实现渔业的可持续发展。通过智能控制技术，养殖人员可以根据养殖区域的特点和需求，设计合理的养殖方案，减少浪费和环境污染。同时，智能控制技术可以有效监测养殖过程中的异常情况和疾病发生，及时采取措施进行防治，保护渔业资源，实现渔业的可持续发展。

智能控制技术在智慧渔业养殖中的应用为养殖行业带来了前所未有的变革。它不仅提高了渔业养殖的智能化管理水平，提高了养殖效率和产出质量，还实现了渔业的可持续发展，对于推动渔业的升级和发展具有重要意义。

8.1 智能控制理论基础

控制技术的发展历程跨越了数个世纪，从原始的机械控制逐步演进至现代的智能控制。这一进程不仅见证了技术的巨大飞跃，也反映了系统控制精度和复杂性需求的不断增长。

17—19世纪是机械控制的时代，当时的技术主要依赖于物理装置，如瓦特于1788年发明的调速器，用于调节蒸汽机的速度。这种基于物理反馈的简易机械系统，为控制理论的发展奠定了基石。

进入20世纪，随着电气技术的蓬勃发展，控制系统开始采用电气元件，大幅提升了响应速度和精度，标志着电气控制时代的来临。

经典控制理论的形成，可追溯至19世纪Maxwell对具有调速器的蒸汽发动机系统进行线性常微分方程描述及稳定性分析。经过Nyquist、Bode、Harris、Evans、Wienner、Nichols等的杰出贡献，这一理论在20世纪50年代趋于成熟。它以传递函数为数学工具，采用频域方法，专注于单输入单输出线性定常控制系统的分析与设计。然而，经典控制理论在处理多输入多输出系统，尤其是非线性时变系统时，显得力不从心。

20世纪40年代中期，计算机的出现及其应用领域的不断扩展，为自动控制理论的发展注入了新的活力。在Kalman提出的可控性和可观测性概念以及极大值理论的基础上，20世纪50—60年代，现代控制理论应运而生。这一理论以状态空间分析（应用线性代数）为基础，是一种时域法。其研究内容广泛，涵盖了多变量线性系统理论、最优控制理论以及最优估计与系统辨识理论。现代控制理论从理论上解决了系统的可控性、可观测性、稳定性以及许多复杂系统的控制问题。

随着现代科学技术的飞速进步，生产系统的规模不断扩大，形成了庞大且复杂的系统网络。这种发展不仅增加了控制对象的多样性和复杂性，也使控制器以及控制任务和目的变得日益复杂。然而，尽管现代控制理论在理论上取得了显著的成果，但在实际应用中却面临诸多挑战，导致这些理论成果难以得到广泛应用。主要原因包括以下几点。

一是难以获得精确的数学模型。现代控制系统的设计和分析通常依赖于精确的数学模型。然而，在实际系统中，由于存在不确定性、不完全性、模糊性、时变性和非线性等多种因素，构建一个完全准确的数学模型变得极为困难。

二是理论假设与实际应用存在差距。在研究这些复杂系统时，为了简化问题，研究者常常需要提出一些假设。然而，这些假设在实际应用中往往与实际情况存在较大的差异，导致理论成果难以直接应用于实际系统。

三是控制系统过于复杂。为了提高控制性能，现代控制系统往往设计的极为复杂。这不仅增加了设备的投资和维护成本，也降低了系统的可靠性和稳定性。在复杂系统中，任何一个小故障都可能导致整个系统的崩溃，这使复杂的控制系统在实际应用中面临巨大的风险。

为了克服这些挑战，以更好地适应复杂系统的控制需求，智能控制理论就是在这样的背景下提出来的。

8.1.1　智能控制的概念

智能控制基本结构由傅京逊教授提出，智能控制描述自动控制系统与人工智能交叉作用，即二元结构。萨利迪斯认为构成二元交集结构的两元互相支配，无法成功，必须在智能控制中引入运筹学概念。1977年，他提出了三元结构的智能控制概念，这是对傅京逊教授二元结构的扩充。所谓三元指的是人工智能、自动控制和运筹学，三元结构是将智能控制看作三者的交叉（图8-1）。

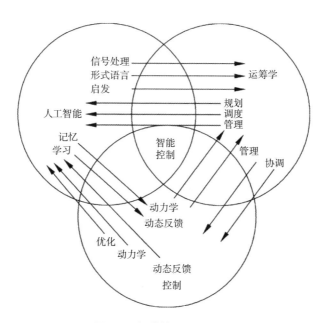

图8-1　智能控制三元结构

蔡自兴在研究上述智能控制理论结构和与相关学科之间的关系后，于1987年提出了四元智能控制结构。他认为智能控制（IC）是自动控制（AC或CT）、人工智能（AI）、信息论（IT或IN）和运筹学（OR）4个子学科的交集。他认为通过信息论的方法可以解释知识和智能；控制论、系统论和信息论三者相互联系、相互作用；信息论是控制智能机器的手段；信息熵是智能控制的测度；信息论参与智能控制的全过程，并对执行级起到核心作用。

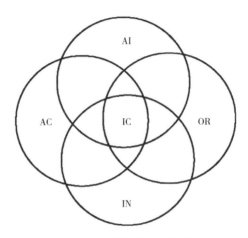

图8-2　智能控制四元结构

智能控制是一种高级控制策略，它利用人工智能技术来实现对复杂系统的有效控制，必须具有模拟人类学习和自适应的能力。与传统的基于数学模型的控制方法不同，智能控制能够处理那些难以用精确数学模型描述的系统，如非线性、时变、多变量和不确定性系统。智能控制的核心在于模仿人类的智能行为，包括学习、推理、适应和决策等能力。智能控制的主要特点如下。

自适应性：智能控制系统能够根据系统的实时状态和环境变化自动调整控制策略，以保持系统的性能。

学习能力：通过机器学习等技术，智能控制系统可以从经验中学习，不断优化控制算法，提高控制效果。

非模型化：智能控制不依赖于精确的数学模型，而是通过数据驱动的方法来实现控制，适用于模型难以建立或模型参数变化频繁的系统。

鲁棒性：智能控制系统能够在存在不确定性和干扰的情况下保持稳定和

有效地控制。

分布式与协同：在多智能体系统中，智能控制能够实现分布式决策和协同控制，提高系统的整体性能。

8.1.2   智能控制的理论基础

智能控制以控制理论、人工智能理论、信息论和运筹学等学科为基础，扩展了相关的理论和技术。

控制理论是智能控制技术的重要基石，它为智能控制系统的设计、分析和优化提供了理论框架。经典控制理论主要基于传递函数和频域方法，研究单输入单输出线性定常控制系统的分析和设计。它通过建立系统的数学模型，利用拉普拉斯变换和频率响应分析等方法，来评估系统的性能并设计相应的控制器。现代控制理论以状态空间分析为基础，包括多变量线性系统理论、最优控制理论以及最优估计与系统辨识理论等。现代控制理论突破了经典控制理论的限制，能够处理更复杂的控制系统，为智能控制技术的发展提供了有力的理论支持。

智能控制技术的另一个重要理论基础是人工智能理论。它融合了人工智能的相关理论，使控制系统具备自主决策和控制的能力。人工智能理论涵盖了机器学习、模式识别、专家系统等多个领域的知识，为智能控制系统提供了智能化的解决方案。通过运用这些技术，智能控制系统能够模拟人类的智能行为，实现对复杂环境的感知、理解和适应，从而做出更加准确和有效的控制决策。

信息论为智能控制系统提供了信息处理的理论基础。智能控制系统需要处理大量的状态信息和控制信号，以实现对系统的精确控制。信息论中的编码、解码、信息传输等概念在智能控制系统中得到了广泛应用。通过运用信息论的理论和方法，智能控制系统能够高效地处理信息，提取有用的控制信号，并将其传输到执行机构，从而实现对系统的精确控制。

运筹学为智能控制系统提供了决策的科学依据。它运用数学方法，对需要进行管理的问题进行统筹规划，并做出决策。在智能控制系统中，这种决策方法可以帮助系统根据当前状态和未来预测，做出最优或近似最优的控制决策。

智能控制系统具有开放式、分级式以及分布式的特点，这些特点使系统能够处理复杂的综合信息。系统论为智能控制系统的设计、优化和管理提供了理论支持。它强调系统的整体性和协调性，通过对系统内部各个部分的分析和整合，实现系统整体性能的优化和提升。在智能控制系统中，系统论的思想被广泛应用于系统的建模、分析和控制策略的设计等方面。

8.1.3 智能控制的几个重要分支

智能控制的重要分支包括模糊控制、神经网络控制、遗传算法以及智能优化算法等。这些分支在智能控制系统中扮演着不同的角色，共同实现系统的智能化和高效化。

8.1.3.1 模糊控制

模糊控制基于模糊集合论和模糊逻辑推理，模仿人的模糊推理和决策过程。它将传统控制中的精确量转化为模糊量，通过模糊规则进行推理和决策，实现对系统的控制。模糊控制适用于处理具有模糊性和不确定性的系统，如温度控制、速度控制等。

8.1.3.2 神经网络控制

神经网络控制利用人工神经网络模型进行非线性控制，实现智能化决策。它通过训练神经网络模型，使其能够学习和适应系统的动态特性，并产生相应的控制信号。神经网络控制具有自学习和自适应能力，能够处理复杂的非线性系统。

8.1.3.3 遗传算法

遗传算法是一种模拟自然选择和遗传学原理的优化算法，适用于解决复杂的优化问题。在智能控制中，遗传算法可以用于控制参数优化、控制策略选择等方面。它通过模拟自然选择和遗传过程，不断迭代和进化，找到最优或近似最优的解。

8.1.3.4 智能优化算法

除了上述几种具体的控制方法外，智能控制还包括一系列智能优化算法，如粒子群优化算法、蚁群优化算法等。这些算法通过模拟自然界中的群体行为或物理现象，实现对复杂优化问题的求解。智能优化算法在智能控制中发挥着重要作用，可以提高系统的性能和效率。

8.2 模糊控制

模糊控制是一种基于模糊集合论、模糊语言变量和模糊逻辑推理的计算机数字控制技术，它深刻体现了人类感知、获取知识、思维推理和决策实施中的"模糊"特性。相较于传统的"清晰"控制方法，模糊控制更能容纳丰富的信息，更贴近客观世界的实际情况。

模糊控制理论起源于1965年，由美国加利福尼亚大学的Zadeh教授首次提出。该理论以模糊数学为基础，通过语言规则表示方法和先进的计算机技术，利用模糊推理进行决策，实现了一种高级控制策略。在随后的几年里，Zadeh教授进一步提出了语言变量、模糊条件语句和模糊算法等概念和方法，使原本只能以自然语言描述的复杂控制规则得以转化为计算机可执行的模糊条件语句。

1974年，英国伦敦大学的Mamdani教授成功研制出第一个模糊控制器，并将其应用于锅炉和蒸汽机的控制系统中，取得了显著的实验成果。这一里程碑式的工作不仅标志着模糊控制理论的诞生，也充分展示了模糊控制技术在工业控制领域的广阔应用前景。

模糊控制的核心思想在于将复杂的控制问题简化为一系列基于模糊集合的推理规则，这些规则通常由经验丰富的专家或操作员根据实践经验制定。通过模糊推理，控制系统能够根据输入变量的模糊值，快速、准确地计算出输出变量的控制量，实现对被控对象的精确控制。

由于模糊控制具有简单易行、鲁棒性强、适应性好等优点，因此在实际应用中得到了广泛的关注和应用。目前，模糊控制技术已经广泛应用于工业控制、机器人控制、智能交通、家电产品等多个领域，并取得了显著的成效。

8.2.1 模糊控制的基本原理

模糊控制是以模糊集理论、模糊语言变量和模糊逻辑推理为基础的一种智能控制方法，是模糊数学在控制系统中的应用，是一种非线性智能控制。模糊控制是利用人的知识对控制对象进行控制的一种方法，通常用"if条件，then结果"的形式来表现，所以又通俗地称为语言控制。一般用于无法以严密的数学表示的控制对象模型，即可利用人（熟练专家）的经验和知识来很好地控制。

模糊逻辑控制系统首先通过传感器等获取被控制量的精确值，然后将此量与给定值比较得到误差信号e；一般选误差信号e作为模糊控制器的一个输入量，把e的精确量进行模糊量化变成模糊量，误差e的模糊量可用相应的模糊语言表示；从而得到误差e的模糊语言集合的一个子集E（E实际上是一个模糊向量）；再由E和模糊控制规则R（模糊关系）根据推理的合成规则进行模糊决策，得到模糊控制量U。

$$U = E \cdot R$$

式中，U为一个模糊量。为对被控对象施加精确地控制，还需要将模糊量U进行非模糊化处理转换为精确量，得到精确数字量后，经数模转换变为精确的模拟量u送给执行机构，对被控对象进行第一步控制；然后，进行第二次采样，完成第二步控制，这样循环下去，就实现了被控对象的模糊控制。具体流程如图8-3所示。

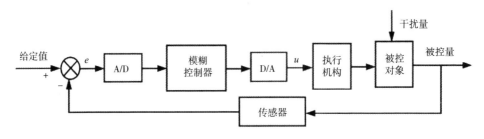

图8-3　模糊控制的基本原理

8.2.2　模糊控制器的组成

模糊控制的核心部分为模糊控制器，也称为模糊逻辑控制器（图8-4）。模糊控制器主要由以下几个部分组成。

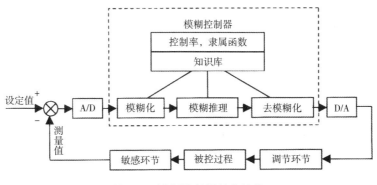

图8-4　模糊控制器基本结构

8.2.2.1　模糊化接口

模糊控制器的输入必须通过模糊化才能用于控制输出的求解，因此它实际上是模糊控制器的输入接口。主要作用是将真实的确定量输入转换为一个模糊矢量。

将精确的输入量转化为模糊量F有两种方法：①将精确量转换为标准论域上的模糊单点集，精确量E经对应关系G转换为标准论域E上的基本元素。②将精确量转换为标准论域上的模糊子集，精确量经对应关系转换为标准论域上的基本元素，在该元素上具有最大隶属度的模糊子集，即为该精确量对应的模糊子集。

8.2.2.2　知识库

知识库包括模糊控制器参数库和模糊控制规则库。

模糊控制规则建立在语言变量的基础上。语言变量取值为"大""中""小"等这样的模糊子集，各模糊子集以隶属函数表明基本论域上的精确值属于该模糊子集的程度。因此，为建立模糊控制规则，需要将基本论域上的精确值依据隶属函数归并到各模糊子集中，从而用语言变量值（大、中、小等）代替精确值。这个过程代表了人在控制过程中对观察到的变量和控制量的模糊划分。由于各变量取值范围各异，故首先将各基本论域分别以不同的对应关系，映射到一个标准化论域上。通常，对应关系取为量化因子。为便于处理，将标准论域等分离散化，然后对论域进行模糊划分，定义模糊子集。

同一个模糊控制规则库，对基本论域的模糊划分不同，控制效果也不同。具体来说，对应关系、标准论域、模糊子集数以及各模糊子集的隶属函数都对控制效果有很大影响。这3类参数与模糊控制规则具有同样的重要性，因此把它们归并为模糊控制器的参数库，与模糊控制规则库共同组成知识库。

8.2.2.3　模糊推理机

模糊推理是模糊控制器的核心，它具有模拟人的基于模糊概念的推理能力。模糊推理机根据输入模糊量，由模糊控制规则完成模糊推理来求解模糊关系方程，并获得模糊控制量的功能部分。在模糊控制中，考虑到推理时间，通常采用运算较简单的推理方法。最基本的有Zadeh近似推理，它包含正向推理和逆向推理两类。正向推理常被用于模糊控制中，而逆向推理一般用于知识工程学领域的专家系统中。

8.2.2.4　去模糊化接口

去模糊化的作用是将模糊推理得到的模糊控制量变换为实际用于控制的清晰量。去模糊化过程由以下两部分组成：将模糊的控制量经去模糊化变换变成表示在论域范围的清晰量；将表示在论域范围的清晰量经尺度变换变成实际的控制量。

去模糊化常用两种变换方法为最大隶属度法和重心法。

最大隶属度法：在推理得到的模糊子集中，选取隶属度最大的标准论域元素的平均值作为精确化结果。

重心法：将推理得到的模糊子集的隶属函数与横坐标所围面积的重心所对应的标准论域元素作为精确化结果。在得到推理结果精确值之后，还应按对应关系，得到最终控制量输出。

8.2.3　模糊控制的优缺点

8.2.3.1　模糊控制的优点

（1）处理不确定性和模糊性。模糊控制基于模糊集理论和模糊逻辑推理，能够有效地处理系统中的不确定性和不精确性，这是模糊控制系统的核心优势所在。在实际应用中，很多系统的行为难以用传统的数学模型精确描述，模糊控制通过定义模糊变量和模糊规则，能够模拟人类的模糊思维过程，对复杂系统进行控制。

（2）鲁棒性强。模糊控制不依赖于精确的数学模型，因此对系统参数的变化或外部扰动具有较强的鲁棒性。它能够有效地抵抗外部干扰和噪声的影响，保证控制系统的稳定性和精度。模糊控制器的设计可以通过调整模糊规则和隶属度函数来适应不同的工作环境和应变场景。

（3）设计简单易于理解。模糊控制器的设计和实现相对简单，不需要建立精确的数学模型；控制规则的设计可以通过专家经验和试错法进行，不需要复杂的数学计算；模糊控制器的实现可以通过编程软件或硬件平台来完成，易于实现和调试。

（4）适用于非线性、时变系统。对于数学模型难以获取、时间常数大、动态特性时变的对象，模糊控制能够提供良好的控制效果。它能够处理系统中的非线性和时变特性，实现系统的稳定控制和优化。

8.2.3.2 模糊控制的缺点

（1）性能受限于规则库的设计和优化。模糊控制系统的性能在很大程度上取决于模糊规则库的设计。设计一个高效、全面的规则库需要大量的专家知识和经验，且优化这些规则可能是一个复杂且耗时的过程。

（2）性能受限于设计者经验。模糊控制的设计很大程度上依赖于设计者的经验和知识。如果设计不当，可能导致控制效果不佳，甚至无法达到预期的控制目标。因此，设计模糊控制器需要具备一定的专业知识和经验。

（3）易产生振荡现象。如果模糊规则设计不合理或隶属度函数选择不当，都会导致系统振荡。因此，在设计模糊控制器时，需要合理设计模糊规则和隶属度函数，以避免系统振荡。

（4）设计缺乏系统性。模糊控制的设计尚缺乏系统性，难以建立一套完整的模糊控制理论。这使模糊控制在复杂系统的控制中难以奏效，因为难以建立一套系统的模糊控制理论来解决稳定性分析、系统化设计方法等问题。

综上所述，模糊控制作为一种非线性智能控制方法，在复杂系统的控制中表现出了强大的潜力和优势，但也存在一些需要解决的问题和挑战。

8.3 神经网络控制

人工神经网络（Artificial neural network，ANN）是一种模拟生物神经系统的数学模型，由大量神经元相互连接而成。每个神经元接收输入信号，通过激活函数处理后输出到其他神经元。神经元之间的连接具有不同的权重，这些权重在训练过程中不断调整，以使神经网络能够更好地学习和预测数据。

神经网络数学模型是由Warren McCulloch教授、Walter Pitts教授于1943年在论文《A logical calculus of the ideas immanent in nervous activity》中提出。论文中提出了一种模拟大脑神经元的结构——麦卡洛-皮茨神经网络模型（McCulloch-Pitts neuron model）（图8-5），即后来广为人知的M-P模型。1949年，心理学家Hebb提出了人工神经网络的学习规则，称为模型的训练算法的起点。

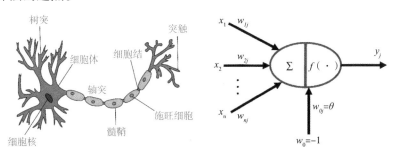

图8-5 麦卡洛-皮茨神经网络模型

注：图中x代表输入，w代表权重，y代表输出，中间的函数代表加权求和。

1950—1968年，神经网络步入第一次发展热潮。研究者包括Minsky、Rosenblatt等，通过电子线路或者计算机去实现单层感知器，被用于各种问题求解，甚至某个阶段内被乐观地认为找到了智能的根源。1969年，Minsky和Paper出版了《Perceptron》，从理论上严格证明了单层感知器无法解决异或问题从而引申到无法解决线性不可分的问题，由于大部分问题都是线性不可分的，所以单层感知器的能力有限，人们对人工神经网络的研究进入反思期。

人工神经网络理论研究的第二个热潮，是由Hopfield在1982年发明了一种新型的神经网络模式——Hopfield网络模式，第一次引进了计算机网络中能量函数的定义，并顺利解答了旅行商最优路由（TSP）的问题，这也是人工神经网络（ANN）理论研究史上一个突破。之后，随着BP算法、遗传算法、模糊神经网络等的发明，以及电脑科学技术、大数据分析、人工智能的发展，让人工神经网络步入了稳步发展时代，并且渐渐与各个学科领域结合。神经网络已经成为涉及神经生理科学、认知科学、数理科学、心理学、信息科学、计算机科学、微电子学、光学、生物电子学等多学科交叉、综合的前沿学科，神经网络的应用已经渗透到模式识别、图像处理、非线性优化、语音处理、自然语言理解、自动目标识别、机器人、专家系统等领域，并取得了令人瞩目的成果。

8.3.1 人工神经网络的原理

神经系统的基本构造是神经元（神经细胞）（图8-6），它是处理人体内各部分之间相互信息传递的基本单元。每个神经元都由一个细胞体，一个连接其他神经元的轴突和一些向外伸出的其他分支——树突组成。神经网络中的神经元（通常称为人工神经元）的设计受到生物神经元功能的启发。在生物大脑中，一个神经元接收来自其他神经元的信号，这些信号通过树突传递到细胞体。如果细胞体积累的信号强度超过了某个阈值，神经元便会激活并通过轴突传递信号到其他神经元。

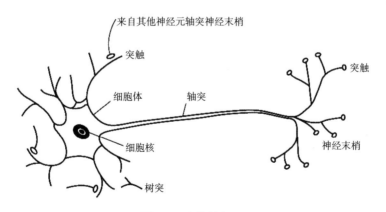

图8-6 生物神经元

人工神经网络中，每个神经元网络模型模拟一个生物神经元，如图8-7所示。该神经元由多个输入x_i（1，2，$\cdots$，n）和一个输出O组成。中间状态由输入信号的权和表示，输出为：

$$o_j = f(\sum_{i=1}^{n} w_{ij} x_i)$$

式中，w_{ij}为连接权重系数，n为输入信号数目，O_j为神经元的输出，$f(\cdot)$为输出变换函数（或激活函数）。

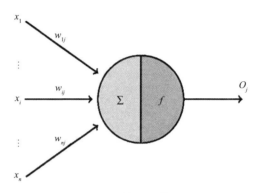

图8-7　神经元模型

8.3.2　人工神经网络的激活函数

激活函数其定义方式为一种映射关系，H:R1->R2（H表示函数的对应法则，R1与R2表示其在H上的自变量和因变量），其激活函数的条件为在其定义域内处处可微。该函数主要是为了增强神经网络表达的能力，主要是通过该函数引入了非线性因素。

人工神经网络中，常用的激活函数包括Sigmoid函数、Tanh函数、ReLU函数、ELU函数等。这里只对Sigmoid函数、Tanh函数、ReLU函数进行介绍。

8.3.2.1　Sigmoid函数

Sigmoid函数是一个在生物学中常见的"S"形函数，也称为"S"形生长曲线。在人工神经网络中，由于其单增以及反函数单增等性质，Sigmoid函数常被用作神经网络的激活函数。Sigmoid函数表达式和图像如图8-8所示。

$$f(x)=\frac{1}{1+e^{-x}}$$

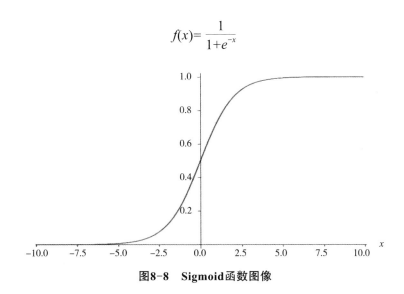

图8-8 Sigmoid函数图像

Sigmoid函数通过将输入变量x映射到［0，1］区间，该函数的图像关于点（0，0.5）对称，当x趋向于正无穷和负无穷时，其输出值趋向于0。

8.3.2.2 Tanh函数

双曲正切函数是双曲函数的一种，双曲正切函数在数学语言上一般写作Tanh。它解决了Sigmoid函数的不以0为中心输出问题，但未解决梯度消失的问题和幂运算的问题。Tanh函数表达式和图像如图8-9所示。

$$f(x)=\frac{e^{x}-e^{-x}}{e^{x}+e^{-x}}$$

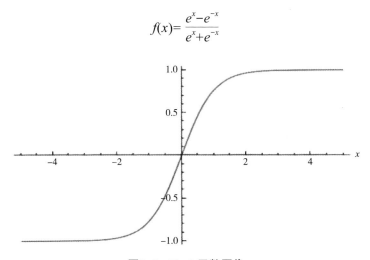

图8-9 Tanh函数图像

Tanh函数通过将变量映射到［0，1］区间上，和sigmoid函数不同的是，其图像关于（0，0）对称。当x趋向于无穷大的时候，其输出趋向于0。

8.3.2.3 ReLU函数

线性整流函数，又称修正线性单元ReLU，是一种人工神经网络中常用的激活函数，通常指代以斜坡函数及其变种为代表的非线性函数。

$$ReLU(x)=max(0, x)$$

当输入为正时，不存在梯度饱和问题。

ReLU函数的输出为0或正数，这意味着ReLU函数不是以0为中心的函数。

如图8-10所示，ReLU函数若输入的数大于等于0，便输出该数本身；反之小于0输出0。ReLU函数中只存在线性关系，因此它的计算速度比Sigmoid函数和Tanh函数更快，不仅节约了计算的资源消耗，同时也可以使神经网络的学习时间缩短。其函数的收敛速度也很快，从输出的结果可以看出，对于负数则进行了放弃处理，直接变为0。通过选择性激活神经元，对于神经网络更加高效。但是其缺点也十分明显，在反向传播过程中，如果输入负数，则梯度将完全为0。

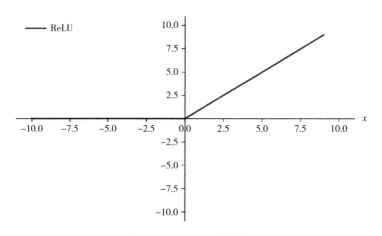

图8-10 ReLU函数图像

8.3.3 人工神经网络的模型分类

目前，比较常用的神经网络结构可分为前馈神经网络、反馈神经网络及图神经网络。

8.3.3.1　前馈神经网络

　　前馈神经网络（图8-11）是一种最简单的神经网络，采用单向多层结构。前馈神经网络中，把每个神经元按接收信息的先后分为不同的组，每一组可以看作是一个神经层。每个神经元只与前一层的神经元相连。接收前一层神经元的输出，并输出到下一层神经元。整个网络中的信息是朝着一个方向传播的，没有反向的信息传播。

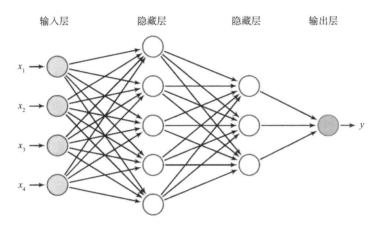

图8-11　前馈神经网络

8.3.3.2　反馈神经网络

　　反馈神经网络（图8-12），又称递归网络、回归网络，是一种将输出经过一步时移再接入输入层的神经网络系统。这类网络中，神经元可以互连，有些神经元的输出会被反馈至同层甚至前层的神经元。和前馈神经网络相比，反馈神经网络中的神经元具有记忆功能，在不同时刻具有不同的状态。反馈神经网络中的信

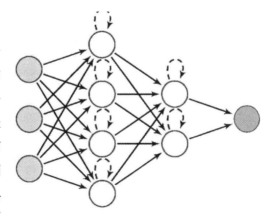

图8-12　反馈神经网络

息传播可以是单向传播也可以是双向传播，因此可以用一个有向循环图或者无向图来表示。常见的有Hopfield神经网络、Elman神经网络、Boltzmann机等。

8.3.3.3　图神经网络

前馈神经网络和反馈神经网络的输入都可表示为向量或者向量序列，但实际应用中很多数据都是图结构的数据，比如知识图谱、社交网络和分子网络等。这时就需要用到图网络来进行处理。

图神经网络（图8-13）是定义在图结构数据上的神经网络，图中每个结点都由一个或者一组神经元组成。结点之前的连接可以是有向的，也可以是无向的。每个结点可以收到来自相邻结点或自身的信息。

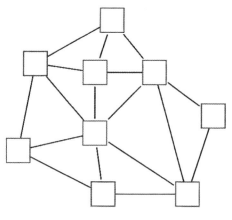

图8-13　图神经网络

8.3.4　人工神经网络的基础模型

8.3.4.1　BP神经网络

BP（Back propagation）神经网络是1986年由Rumelhart和McClelland为首的科学家提出的概念，是一种按照误差逆向传播算法训练的多层前馈神经网络，称为BP算法，是应用最广泛的神经网络。

BP算法的核心思想是梯度下降法，利用梯度搜寻技能，以期使网络的实际输出值和期望输出值的误差均方差为最小。基本BP算法包括信号的前向传播和误差的反向传播两个过程，即计算误差输出时按从输入到输出的方向进行，而调整权值和阈值则从输出到输入的方向进行。正向传播时，输入信号通过隐含层作用于输出节点，经过非线性变换，产生输出信号，若实际输出与期望输出不相符，则转入误差的反向传播过程。误差反传是将输出误差通过隐含层向输入层逐层反传，并将误差分摊给各层所有单元，以从各层获得的误差信号作为调整各单元权值的依据。通过调整输入节点与隐层节点的连接强度和隐层节点与输出节点的连接强度以及阈值，使误差沿梯度方向下降，经过反复学习训练，确定与最小误差相对应的网络参数（权值和阈值），训练即告停止。此时经过训练的神经网络即能对类似样本的输入信息，自行处理输出误差最小的经过非线性转换的信息。

8.3.4.2 CNN模型

卷积神经网络（Convolutional neural network，CNN）（图8-14）是一种专门用来处理具有类似网格结构数据的深度学习算法，如图像（2D网格）和音频信号（1D网格）。CNN在计算机视觉任务中表现出色，它能够有效地识别和分类图像中的物体，成为图像处理领域的主流技术之一。

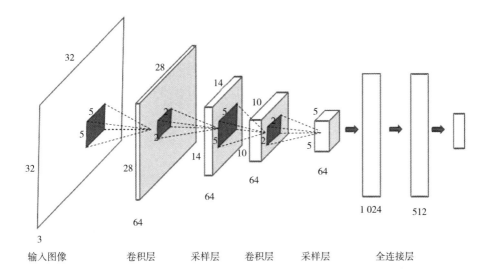

输入图像　　　　卷积层　　　采样层　　　卷积层　　　采样层　　　　全连接层

图8-14　卷积神经网络

CNN的灵感来自生物的视觉处理机制，特别是视觉皮层的结构。它由多个不同的层次组成，通常包括卷积层、池化层（也称作下采样层）和全连接层。每一层都执行不同的运算，并通过层与层之间复杂的非线性映射从原始数据中抽象出高级特征。

在卷积层中，网络通过一系列学习得到的过滤器（或称为核）提取输入数据的特征。这些过滤器在输入数据上滑动（或"卷积"），计算过滤器与数据覆盖部分的点积，生成一组称为特征图的二维激活图。通过这种方式，CNN能够捕捉到图像的局部特征，如边缘、角点和纹理。池化层随后对这些特征图进行空间下采样，这一操作可减少数据的维度和计算量，同时使特征检测对小的位置变化保持不变性。

随着网络层次的加深，卷积层和池化层能够从简单的特征逐渐组合抽象出越来越复杂的特征。例如，在图像识别任务中，初级卷积层可能只检测简单的边缘，而更深层次的网络可能会识别出对象的具体部分，如眼睛或轮胎。在多个卷积和池化层之后，通常会跟随几个全连接层，它们将学习到的高级特征转换为最终的输出，如分类标签。

CNN的一个关键优点在于其参数共享机制和局部连接特性。参数共享意味着网络中的过滤器在整个输入数据上共用，这减少了模型的复杂性和所需的计算资源。局部连接保证了网络只在输入数据的局部区域内进行处理，减少了参数的数量，同时允许网络专注于局部特征。这两个特性使CNN在处理大型图像时既有效率又有效果。

此外，CNN还能够通过反向传播算法和梯度下降方法进行训练。在训练过程中，CNN通过不断调整其参数来最小化输出结果和真实值之间的差距，从而提高模型的准确性和泛化能力。

8.3.4.3 Hopfield网络

Hopfield网络是一种基于神经网络的模型，由物理学家John Hopfield在1982年提出，它是一种用于存储和检索模式的自联想记忆网络（图8-15）。这种网络模型在人工智能和认知科学领域具有重要意义，因为它提供了一种模拟人类记忆和信息检索机制的方法。

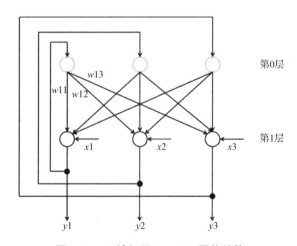

图8-15 三神经元Hopfield网络结构

Hopfield网络是一种单层的全连接反馈神经网络，其中每个神经元都与其他所有神经元相连。网络中的每个神经元都是一个二态单元，即它只能处于激活（通常表示为+1）或非激活（通常表示为-1）两种状态之一。网络的状态由所有神经元的状态共同决定，这种状态可以看作是网络的一个"记忆"。

在Hopfield网络中，记忆是通过权重矩阵存储的，这些权重表示神经元之间的连接强度。当网络被训练以存储一组模式时，权重矩阵会根据这些模式进行调整。这个过程通常通过Hebbian学习规则实现，该规则指出，如果两个神经元同时激活，它们之间的连接权重应该增加，反之则减少。这种学习机制使得网络能够存储和检索与输入模式相似的模式。

Hopfield网络的运行可以分为存储阶段和检索阶段两个阶段。在存储阶段，网络通过调整权重来存储一组模式。在检索阶段，网络接收一个输入模式，这个输入模式可能是不完整或含有噪声的，网络通过迭代过程尝试恢复出存储的模式。这个迭代过程是通过神经元之间的相互作用实现的，每个神经元根据其邻居的状态和连接权重来更新自己的状态。这个过程会一直持续，直到网络达到一个稳定状态，即没有神经元再改变其状态。这个稳定状态就是网络检索出的模式。

Hopfield网络的一个重要特性是它的吸引子性质。网络的稳定状态形成了一个吸引子，这些吸引子可以看作是网络的"记忆"。当网络处于某个吸引子附近时，它会自发地被吸引到这个吸引子，从而恢复出存储的模式。这种特性使得Hopfield网络能够有效地处理含有噪声或部分缺失的输入模式。

Hopfield网络也存在一些局限性。例如，网络可能会陷入局部最小值，即网络可能会停止在不是最优的稳定状态。此外，随着存储模式的增加，网络的容量会受到限制，因为过多的模式会导致网络的吸引子之间发生混淆，这种现象称为"吸引子干扰"。尽管存在这些限制，Hopfield网络仍然是一个重要的理论模型，它不仅为理解神经网络和记忆机制提供了基础，而且在模式识别、优化问题和人工智能的其他领域中也有实际应用。随着深度学习和神经网络技术的进步，Hopfield网络的概念和原理仍然对现代神经网络设计有着深远的影响。

8.4 遗传算法

遗传算法（Genetic algorithm，GA）起源于对生物系统所进行的计算机模拟研究。它是模仿自然界生物进化机制发展起来的随机全局搜索和优化方法，借鉴了达尔文的进化论和孟德尔的遗传学说。其本质是一种高效、并行、全局搜索的方法，能在搜索过程中自动获取和积累有关搜索空间的知识，并自适应地控制搜索过程以求得最佳解。

在遗传算法中，问题的每一个可能解都被表示为一个"染色体"，而一组染色体构成一个"种群"。每个染色体由一系列"基因"组成，这些基因表示解的各个属性或特征。例如，在旅行商问题中，染色体可能表示一种特定的城市访问顺序，而每个基因表示一个城市。

遗传算法的搜索过程模拟了自然选择的过程，最适合的染色体（即最优解）在经过多代的遗传后，有更高的概率存活下来。适应度函数是用来评估染色体适应度的重要工具，它量化了给定染色体的质量或适应度。在选择过程中，适应度高的染色体更有可能被选中作为下一代的父母。

除了自然选择，遗传算法还包括交叉（或重组）和突变两种操作。在交叉过程中，两个染色体会交换他们的部分基因，生成两个新的后代染色体。这模拟了生物的性繁殖机制，允许信息在染色体之间交换，从而可能产生更优秀的解。突变过程则随机改变染色体的部分基因，这可以增加种群的多样性，防止算法过早地陷入局部最优解。

遗传算法的执行过程通常是迭代进行的，每一代都会进行选择、交叉和突变操作，直到达到某个停止条件，如达到最大迭代次数或找到满足要求的解。

遗传算法的一个主要优点是其全局搜索能力，它可以在解空间中进行广泛搜索，而不容易陷入局部最优解。此外，遗传算法对初始解的选择不敏感，具有较高的鲁棒性。然而，遗传算法也有一些局限性，例如调整参数（如交叉率和突变率）可能需要经验和技巧，而且在处理高维和复杂问题时，可能需要大量的计算资源。

8.4.1   遗传算法的相关术语

8.4.1.1   基因型（Genotype）

遗传算法中，基因型是个体的内部表示，通常以字符串、二进制数字、实数或其他数据结构的形式存在，代表了解决方案的编码方式。简单来说，基因型是问题解决方案的一个抽象表示，就像生物中的DNA一样，它包含了构成个体特征的所有遗传信息。在遗传算法中，一个基因型可以被看作是一系列"基因"的集合，每个"基因"代表解决方案中的一个组成部分或参数。通过适当的编码方法，基因型映射了问题空间中的一个可能解。

8.4.1.2   表现型（Phenotype）

遗传算法中，表现型是指基因型所代表的实际解决方案或个体在问题空间中的具体表现。简单来说，表现型是基因型在特定环境下的具体实现或功能表现。在生物学中，表现型通常指的是生物体的可见特征，如颜色、形状等，这些特征是由基因型（遗传信息）和环境因素共同作用的结果。在遗传算法中，表现型通常与问题的具体解相关联。例如，如果遗传算法用于解决一个优化问题，那么表现型可能是一个具体的数值解，如最小化某个函数的值。基因型则是这个解的编码，可能是一个二进制串、实数序列或其他形式的编码。

8.4.1.3   进化（Evolution）

进化概念是从生物进化理论中借鉴而来的，它是基于自然选择和遗传机制的模拟过程。这种进化过程在算法中是通过迭代地改变和选择个体（解决方案）来实现的，旨在逐渐找到问题的最优解或者可行解。遗传算法中进化的核心思想是"适者生存"，即在给定环境下，性能较好的个体更有可能被选中生成后代，从而在迭代过程中改善整个种群的性能。

8.4.1.4   适应度（Fitness）

遗传算法中，适应度用于评估个体（即解决方案）在问题环境中的表现或效果。适应度函数是遗传算法中的一个重要组成部分，它定义了个体在种群中的相对优劣程度。简单来说，适应度函数是一个评价标准，用于衡量每个个体解决问题的能力或效率。

8.4.1.5　选择（Selection）

决定了哪些个体（即解决方案）将被保留下来并参与到下一代的繁殖过程中。选择操作的目的是根据个体的适应度来决定其生存概率，适应度高的个体有更大的机会被选中，这模仿了自然界中的"适者生存"原则。

8.4.1.6　复制（Reproduction）

允许个体（解决方案）根据其适应度（性能指标）从当前种群直接传递到下一代，而不进行交叉（Crossover）或突变（Mutation）。复制过程模拟了自然选择的机制，即适应性较高的个体有更大的机会被保留下来并传递其基因到后代，而适应性较低的个体可能会被淘汰。

8.4.1.7　交叉（Crossover）

交叉，也称为杂交或重组，是一种重要的遗传操作，它模拟了生物遗传中的基因重组过程。交叉操作的目的是通过组合两个或多个个体的基因（即解决方案的特征）来产生新的个体，这些新的个体可能具有比其父代更好的特性。

8.4.1.8　变异（Mutation）

变异是一种基本的遗传操作，它模拟了生物遗传中的基因突变过程。变异操作的目的是通过随机改变个体的某些基因，有助于探索解空间中未被父代个体覆盖的区域，以增加种群的多样性，并防止算法过早收敛到局部最优解。

8.4.1.9　个体（Individual）

个体是算法的基本操作单位，代表了解决问题的一个潜在解决方案。每个个体由一组基因（Genes）组成，这些基因通常以某种编码形式表示，如二进制串、实数向量或其他数据结构。个体的基因集合定义了其遗传特征，这些特征在遗传算法中被用来评估个体的适应度（Fitness）。

8.4.1.10 种群（Population）

种群是由一组个体组成的集合，每个个体代表了解决问题的一个潜在解决方案。种群是遗传算法进行进化操作的基础，它随着算法的迭代过程不断进化，以寻找问题的最优解或近似最优解。

8.4.2 遗传算法基本原理和公式推导

8.4.2.1 基本原理

遗传算法的基本原理源于达尔文的自然选择和遗传学的基本概念。在遗传算法中，解决方案的每个实例被视为一个"个体"，整个解决方案空间形成一个"种群"。每个个体通过一串"基因"来表示，这些基因编码了解决方案的具体参数。遗传算法通过迭代过程，不断改进种群的质量，逼近最优解。遗传算法实质上是通过模拟自然选择和遗传学的机制来解决优化和搜索问题，其核心步骤包括选择（Selection）、交叉（Crossover）和突变（Mutation）。

8.4.2.2 公式推导

考虑一个简化的遗传算法模型，其适应度函数$f(x)$用于评估每个个体的性能，其中x是一个编码了个体特征的向量。算法的目标是最大化适应度函数。遗传算法的一次迭代可以表示为以下步骤。

（1）适应度函数（Fitness function）。适应度函数$f(x)$是将一个个体x映射到一个适应度值，以衡量该个体作为问题解的好坏。

$$f(x) \rightarrow R$$

（2）选择操作（Selection）。个体被选择用于繁殖的概率与其适应度成正比。一个个体x_i被选择的概率$P(x_i)$为：

$$P(x_i) = \frac{f(x_i)}{\sum_{j=1}^{N} f(x_i)}$$

式中，$f(x_i)$为第i个个体的适应度；N为种群中个体的总数。

（3）交叉操作（Crossover）。选择的个体通过交叉操作生成新的后代。如果交叉点为k，并且考虑两个个体x_i和x_j，后代x_{New}可表示为：

$$x_{\text{New}}= [\, x_{i1},\, x_{i2},\, \cdots,\, x_{ik},\, x_{j(k+1)},\, x_{j(k+2)},\, \cdots,\, x_{jn}\,]$$

（4）突变操作（Mutation）。以小的概率μ修改新生个体的某些基因，以引入变异，增加种群的多样性。对于基因x_{nk}，突变操作可以表示为：

$$x'_{nk}=x_{nk}+\sigma, \ \text{with probability } \mu$$

式中，σ为随机的小变化量；μ为突变率。

8.4.3　遗传算法基本实现流程

8.4.3.1　创建初始种群

初始种群是随机选择的一组有效候选解（个体）。由于遗传算法使用染色体代表每个个体，因此初始种群实际上是一组染色体。

8.4.3.2　计算适应度

适应度函数的值是针对每个个体计算的。对于初始种群，此操作将执行一次，然后在应用选择、交叉和突变的遗传算子后，再对每个新一代进行。由于每个个体的适应度独立于其他个体，因此可以并行计算。

由于适应度计算之后的选择阶段通常认为适应度得分较高的个体是更好的解决方案，因此遗传算法专注于寻找适应度得分的最大值。如果是需要最小值的问题，则适应度计算应将原始值取反，例如，将其乘以值负1。

8.4.3.3　选择、交叉和变异

将选择、交叉和突变的遗传算子应用到种群中，就产生了新一代，该新一代基于当前代中较好的个体。

选择操作是从当前种群中选择有优势的个体。

交叉或重组操作从选定的个体创建后代，这通常是通过两个被选定的个体互换它们染色体的一部分以创建代表后代的两个新染色体来完成的。

变异操作可以将每个新创建个体的一个或多个染色体值（基因）随机进

行变化。突变通常以非常低的概率发生。

8.4.3.4　算法终止条件

在确定算法是否可以停止时，可能有多种条件可以用于检查。两种最常用的停止条件如下。

（1）已达到最大世代数。这也用于限制算法消耗的运行时间和计算资源。

（2）在过去的几代中，个体没有明显的改进。这可以通过存储每一代获得的最佳适应度值，然后将当前的最佳值与预定的几代之前获得的最佳值进行比较来实现。如果差异小于某个阈值，则算法可以停止。

遗传算法的流程如图8-16所示。

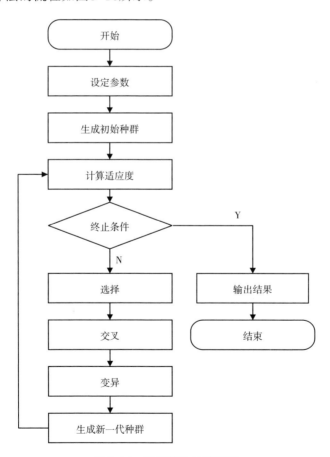

图8-16　遗传算法计算流程

8.5 自适应控制

8.5.1 自适应控制产生的背景

自适应控制技术的产生可以追溯到20世纪中叶，其产生主要由以下几个方面所驱动。

（1）系统参数的不确定性和变化。在许多实际应用中，系统的精确数学模型很难获得，一些关键参数可能未知或难以准确测量。此外，系统的动态行为可能会随时间、环境条件或其他外部因素的变化而变化。因此，传统的基于固定参数的控制策略很难适应这种变化，从而影响系统性能和稳定性。

（2）外部干扰和内部动态变化。系统在运行过程中可能会受到外部干扰的影响，或者系统内部动态可能会发生变化（例如，机械系统的磨损或老化）。这些因素都要求控制系统能够动态调整其策略来适应这些变化，以保持系统的稳定和性能。

（3）提高系统性能和效率。随着技术的发展和应用需求的提升，对系统性能和效率的要求也随之增加。自适应控制技术能够提供一种方式，通过实时调整控制策略来优化系统性能，特别是在系统模型未完全知晓或变化的情况下。

（4）复杂系统的控制需求。许多现代系统，如航空航天器、高级机器人和复杂工业过程，都具有极高的复杂性。这些系统往往涉及多个相互作用的子系统和大量的动态过程，使得使用传统控制方法难以实现预期的控制性能。自适应控制提供了一种有效的解决方案，能够实时调整控制参数以应对系统内部和外部的复杂动态变化。

（5）技术和计算能力的进步。自适应控制技术的发展和应用也得益于计算技术的进步。随着计算能力的提高和算法的发展，实现复杂的自适应控制策略变得可行，为自适应控制技术的研究和应用提供了强大的支持。

自适应控制技术的产生是为了满足日益增长的工业和技术应用中对复杂、不确定和动态系统高性能控制的需求。通过实时调整控制参数，自适应控制系统能够在面对模型不确定性、参数变化和外部干扰时，保持或提高系统的性能和稳定性。

8.5.2　自适应控制的定义

自适应控制是一种动态的控制策略，其核心思想是控制器能够自动调整其参数以适应被控对象在未知或不确定条件下的动态变化。这种控制方法对于不能提前准确模型化或者随时间变化的系统特别有用。

8.5.2.1　自适应控制基本组成

自适应控制系统通常由3个基本部分组成。

（1）参数辨识或状态估计器。用于估计系统的状态或参数。当系统的确切数学模型不可用或系统参数随时间变化时，状态估计器可以根据实时反馈数据来估计或更新这些参数。

（2）适应性控制律。适应性控制律的主要功能是基于系统当前的状态和性能，动态地调整控制器的参数，以达到最优的控制效果。适应性控制律的设计和实现依赖于对系统参数或状态的实时估计，能够自动适应系统行为的变化，包括外部环境的变化、系统内部参数的变动或模型的不确定性。

（3）反馈机制。系统的实际输出与期望输出之间的差异（误差信号）被用来调整控制律和/或估计器的参数。这种反馈可以基于误差最小化原则，如最小均方误差。

8.5.2.2　自适应控制系统设计目标

自适应控制系统的设计目标是使控制系统能够应对以下几类问题。

（1）模型不确定性。系统的数学模型可能存在未知部分，使得无法使用固定参数的控制策略。

（2）参数变化。系统的一些内在参数可能会因为外界环境的变化（如温度、湿度变化），或内部特性的变化（如设备老化、磨损）而发生变化。

（3）外部干扰。系统可能受到无法预测的外部影响，如机械振动、电气噪声等。

自适应控制策略通常要求系统具备一定的"自学习"能力，即能够从实时反馈中学习并调整其行为。这种控制方法在航空航天、机器人技术等需要高度自动化和精确控制的领域都有广泛的应用。

8.5.3 自适应控制的分类

8.5.3.1 可变增益自适应控制系统

可变增益自适应控制系统指的是一种能够根据系统性能反馈自动调整其增益参数的控制系统。在这样的系统中，控制器不是使用固定的增益值，而是能够根据实时的系统输出、参考信号或者错误信号等来动态调整增益。这样做的目的是优化系统的响应，提高控制的精度，适应系统动态的变化，以及抵抗内部参数变化和外部干扰。可变增益自适应控制系统结构简单，响应迅速，在许多方面都有应用。

可变增益自适应控制系统结构如图8-17所示。调节器按被控过程的参数的变化规律进行设计，也就是当被控对象（或控制过程）的参数因工作状态或环境情况的变化而变化时，通过能够测量到的某些变量，经过计算而按规定的程序来改变调节器的增益，以使系统保持较好的运行性能。另外在某些具有非线性校正装置和变结构系统中，由于调节器本身对系统参数变化不灵敏。采用此种自适应控制方案往往能取得较满意的效果。

可变增益自适应控制系统通常包含以下几个关键部分。

（1）误差检测。需要一个机制来计算期望输出与实际输出之间的误差信号。

（2）增益调整规则。需要一个策略或者算法来确定如何根据误差信号或其他系统性能指标来调整增益。

（3）执行机构。控制器根据增益调整规则来实际调整增益，并产生相应的控制作用。

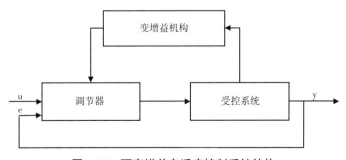

图8-17　可变增益自适应控制系统结构

注：图中字母u代表自适应控制器，e代表误差，y代表被控对象的输出。

8.5.3.2 模型参考自适应控制系统

模型参考自适应控制系统（Model reference adaptive control，MRAC）是一种自适应控制策略，该策略在控制系统设计中使用一个理想的参考模型来定义期望的系统动态行为。MRAC的目标是通过调整控制器的参数，使得实际系统的输出能够紧密跟踪参考模型的输出。这种控制方法特别适用于那些系统参数不确定或随时间变化的，以及需要高性能控制的场景。模型参考自适应控制系统的典型结构如图8-18所示，系统由参考模型、控制器和自适应调整律组成。

（1）控制器包括被控对象的前馈控制器和反馈控制器，可以根据自适应律进行调整。

（2）参考模型实际上是一种理想控制系统，其输出代表了期望的性能，对调节系统的特性要求，如超调量、阻尼时间等。

（3）自适应调整律用来消除被控对象输出和参考模型期望输出的误差，改变控制器参数或者生成辅助输入。

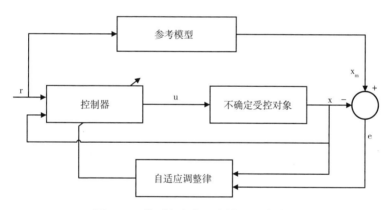

图8-18 模型参考自适应控制系统结构

注：图中字母r代表输入信号，u代表自适应控制器，x代表被控对象的输出，x_m代表理想参考模型的输出，e代表误差。

设计这类自适应控制系统的核心问题是如何综合自适应调整律，即自适应机构所应遵循的算法。关于自适应调整律的设计目前存在两类不同的方法，其中一种称为局部参数最优化的方法，即利用梯度或其他参数优化的递推算法，求得一组控制器的参数，使得某个预定的性能指标达到最小；自适应调整律的另一种设计方法是基于稳定性理论的方法，其基本思想是保证控制其参数自适应调节过程是稳定的，然后再尽量使这个过程收敛快一些。

8.5.3.3 自校正调节器

自校正调节器，也称为自校正控制器或自校正调节系统，是一种智能控制器，能够基于系统输出的反馈自动调整其控制参数，以适应环境或系统本身参数的变化。自校正调节器结构如图8-19所示。这种类型的调节器设计用于实时监测系统性能，并在检测到系统偏离预定性能指标时，自动进行参数调整以纠正这种偏差。自校正的能力使得这类调节器特别适用于处理具有高度不确定性和时间变化特性的系统。

自校正调节器的基本工作原理是通过不断地收集系统的输出数据，并将这些数据与期望的系统性能或输出进行比较。基于这种比较，调节器采用特定的算法自动调整其控制参数，以最小化系统输出与期望输出之间的误差。

自校正调节器的关键特点主要体现在其自适应性、实时性和鲁棒性上。首先，自适应性是自校正调节器的核心特性，它允许调节器根据实时收集的系统数据自动调整控制参数，以适应系统内部参数的变化。这种能力使得调节器能够在不断变化的环境或操作条件下维持或恢复系统的期望性能，无须人工干预。其次，实时性确保了调节器能够即时响应系统状态的变化，快速调整控制策略以应对新的操作条件，这对于需要快速反应的系统尤为重要。最后，鲁棒性确保了即使在面对外部干扰和内部参数变化时，自校正调节器仍能维持稳定的控制性能，确保系统的可靠运行。这些特点共同构成了自校正调节器在复杂和动态系统中高效工作的基础。

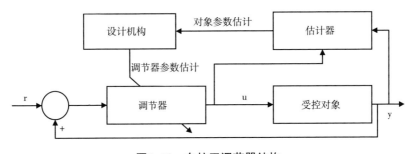

图8-19 自校正调节器结构

注：图中字母r代表输入信号，u代表自适应控制器，y代表被控对象的输出。

8.5.3.4　自寻最优控制系统

自寻最优控制系统，也称极值控制系统，是一种自动搜索和保持系统输出位于极值状态的控制系统。在这种系统中，受控系统的输入—输出特性至少有一个代表最优运行状态的极值点或其他形式的非线性特性。如果极值特性在运行过程中不发生变化，则可通过分析和试验找到一个能使系统工作在极值位置的固定控制量。这时，由常规控制便可保持最优运行状态。许多工业对象的极值特性在运行中都或多或少会发生漂移，因而无法采用常规控制策略。对于这类受控系统，采用自寻最优控制策略便可自动保持极值运行状态，使运行状态的梯度为零。

自寻最优控制的基本思想是让控制系统能根据实际变化的情况，自动改变控制量，使被控量维持最优或次优水平。自寻最优控制是模拟人在完成控制时的操作，它不需知道被控对象的精确数学模型，因而不仅避免了建立精确数学模型的困难，而且对系统中的不确定因素，如各种扰动所引起对象特性的漂移具有自适应能力。

8.5.3.5　学习控制系统

一个系统，如果能对一个过程或其环境的未知特征有关的信息进行学习，并将所得的经验用于未来的估计、分类、决策或控制，以改善系统的性能，则称此系统为学习系统。若一个学习系统以其学得的信息用来控制一个具有未知特征的过程，则称为学习控制系统。在线学习控制系统结构如图8-20所示。

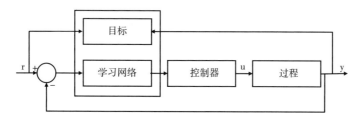

图8-20　在线学习控制系统结构

注：图中字母含义同图8-19。

学习控制系统是一种高度先进的控制策略，它将控制理论与机器学习技术结合起来，以实现系统性能的自主优化。这种系统的关键组成部分如下。

（1）数据采集组件。这是学习控制系统的基础，负责从系统的运行环境中收集输入和输出数据，包括系统状态、操作变量以及环境因素等。这些数据是机器学习算法训练和模型调整的原材料。

（2）学习算法。这是使控制系统智能化的核心。学习算法分析采集来的数据，并通过不断地迭代过程改进控制策略。这些算法可以是监督学习，用于确定输入输出间的映射关系；无监督学习，用于发现数据中的模式。在实际应用中，常将两种学习方式组合使用。首先通过监督学习获取尽可能多的先验信息，然后改为无监督学习，以便收到最好的学习效果。

（3）性能评价机制。学习控制系统需要能够评估自身的性能，以便学习算法可以根据评价结果进行调整。性能评价标准可能包括系统的稳定性、响应速度、精确度或能源效率等。

（4）决策执行器。根据学习算法得出的决策，执行器将这些决策转化为实际的控制命令，比如调节阀门开度、改变电机速度或者调整温度设定值。

（5）反馈机制。为了实现闭环控制，学习控制系统包含反馈机制，实时监控控制效果，将系统的实际输出与期望输出进行比较，并将这一差异反馈给学习算法以指导后续的学习过程。

这些组件相互作用，使学习控制系统不仅能在初始阶段根据预设的模型进行控制，还能通过持续学习自主调整和优化控制规则，适应环境的变化和系统的动态特性。因此，学习控制系统在自动化、智能制造和其他需要高度自适应控制的领域具有巨大的应用潜力。

8.5.4　自适应控制系统的优缺点

自适应控制系统是一种能够根据系统参数的变化而自动调整控制策略的系统。这种系统通常用于处理那些参数不确定或随时间变化的，难以用传统固定参数控制器有效控制的复杂系统。

8.5.4.1　自适应控制系统的优点

（1）适应性。自适应控制系统能够根据系统参数的变化，自动调整控制策略，以保持最佳的控制性能。这使得系统能够在面对未知或变化的环境时保持稳定和高效。

（2）鲁棒性。由于能够适应参数变化，自适应控制系统通常具有较强的鲁棒性，能够处理模型不确定性、外部干扰和内部参数变化。

（3）性能优化。通过实时调整控制参数，自适应控制系统能够持续优化性能，提高系统的响应速度、稳定性和精确度。

（4）减少人工干预。自适应控制减少了人工调整控制参数的需求，降低了操作成本和复杂性，特别适用于那些难以手动调整的复杂系统。

（5）扩展性。自适应控制系统通常具有良好的扩展性，可以应用于多种不同的系统和环境，只需对控制算法进行适当的调整。

8.5.4.2 自适应控制系统的缺点

（1）复杂性。自适应控制系统的设计和实现通常比传统控制器更为复杂，需要更高级的控制理论知识和计算资源。

（2）计算负担。自适应控制算法通常需要实时计算和调整控制参数，这可能导致较高的计算负担，特别是在资源受限的嵌入式系统中。

（3）调试和验证难度。由于自适应控制系统的复杂性，其调试和验证过程可能比传统控制器更为困难和耗时。

（4）参数估计误差。自适应控制系统依赖于对系统参数的准确估计，如果估计误差较大，可能会影响控制性能。

（5）稳定性问题。自适应控制算法可能会引入额外的动态特性，如果设计不当，可能会导致系统不稳定。

总的来说，自适应控制系统在处理复杂和动态变化的系统时具有显著优势，但同时也带来了设计和实施上的挑战。在选择是否使用自适应控制系统时，需要综合考虑系统的具体需求、可用的技术资源以及预期的性能目标。

9 智慧渔业智能装备

9.1 增氧机

增氧机是一种常被应用于渔业的机器，是一种通过电动机或柴油机等动力源驱动工作的设备，使空气中的"氧"迅速转移到养殖水体中的设备，它的主要作用是增加水中的氧气含量以确保水中的鱼类不会缺氧，同时也能抑制水中厌氧菌的生长，防止池水变质威胁鱼类生存环境。

增氧原理都是气体向液体转移的过程中，其气液双膜的分子扩散，并在膜外进行对流扩散。增氧机就是通过搅动气液界面，提高气液两相相对运动的速度，加速氧的扩散转移，实现养殖水体增加溶氧量的目的。

增氧机的主要性能指标规定为增氧能力和动力效率。增氧能力指一台增氧机每小时对水体增加的氧量，单位为kg/h；动力效率指一台增氧机消耗1度电对水的增氧量，单位是kg/（kW·h）。如1.5kW水车增氧机，动力效率为1.7kg/（kW·h），表示该增氧机耗1度电，能向水体增加1.7kg氧。

增氧机主要型式有叶轮式、水车式、喷水式、射流式、桨叶式和充气式等。此外，还有管式、吸气式、重力式等，根据养殖对象和水域条件选用。

9.1.1 叶轮式

叶轮和减速器是叶轮式增氧机（图9-1）的关键部件，叶轮的形式有倒伞形、泵形、平板形等，其中倒伞形的结构较简单，提水能力较强，增氧效果较好，动力效率为1.4～2kgO$_2$/（KW·h）。泵形的提水能力强，增氧效果好，但结构较复杂，且会使泥池底形成凹坑，故较少采用。平板形的结构简单，但提水能力较弱，增氧效果较差。叶轮材质有钢铁、玻璃钢、工程塑料等。叶轮起提水和输水作用，叶轮旋转时，周围形成的扩散状水跃与空气接触，叶轮后侧则形成负压而吸入空气，并不断更新气液接触面增加溶氧。

图9-1 叶轮式增氧机

9.1.1.1 原理

叶轮把它下部的贫氧水吸起来，再向四周推送出去，使死水变成活水。在叶轮下面的水受到叶片和管子的强烈搅拌，在水面激起水跃和浪花，形成能裹入空气的水幕。由于叶轮在旋转过程中，在搅水管的后部形成负压，使空气能够通过搅水管吸入水中，而且立即被搅成微气泡进入叶轮压力区，所以也有利于提高空气中氧气的溶解速度，提高增氧效率。

9.1.1.2 优点

（1）提水、搅拌。叶轮式增氧机可提升底层水，使其与表层水相互交替，从而起到向底层水增氧的效果，其增氧深度超过2m。

（2）机械构造较为简单，在使用过程中很少发生机械故障，维护较为方便，减少了维修成本。

（3）在使用过程中，可形成中上层水流，使中上层水体溶氧均匀，适用于池塘养殖和池塘急救设备。

（4）排除有害气体。叶轮式增氧机有强烈的曝气功能，池水中的有害气体如氨、硫化氢、甲烷、一氧化碳等均能有效排除。

9.1.1.3 缺点

（1）必须在通电顺畅的条件下才可以使用，在偏远缺电的山区，架设电线，成本费用较高。

（2）增氧机一般都必须固定在池塘的一个点上，变换位置较为麻烦，且增氧区域只限于一定范围内，用于较大池塘时对底层水体的增氧效果较差。

（3）增氧机的浮筒常年暴露在空气中，经过日光的暴晒，容易被腐蚀损坏，需要经常更换。

（4）属于单点增氧，且机械运行噪声较大，容易影响水产动物的生长和碰伤水产动物。

（5）叶轮增氧机容易将池塘的底泥抽吸上来，不适宜在水位较浅的池塘使用。

9.1.2　水车式

叶轮为轮毂和叶片的组装件，轮毂大多采用铝铸件，也有生铁铸件或注塑件。叶片大多采用铝铸件或注塑件。浮体采用泡沫塑料、玻璃钢或塑料管。减速箱由二级圆柱齿轮传动。水车式的提水作用较弱，而推水作用较强，造成水体单向循环流动，并有大量水滴抛向空中。动力效率为 $1.2 \sim 1.75 \mathrm{kgO_2}/（\mathrm{kW \cdot h}）$，主要用于养鳗池、养对虾池等。

9.1.2.1　原理

用两个长方体的浮箱作为浮力装置，将电机装于浮箱之上，带动中间的立式叶轮，产生水波从而达到增氧的效果。

9.1.2.2　优点

（1）整机重量较轻，结构较为简单，造价低，浅水池塘增氧效果好。

（2）在中上层有着较强的推流能力和一定的混合能力，能获得较好的氧气和水的接触面积，增氧效率高。

（3）在池塘中布置两台以上的水车式增氧机，可以在整个池塘形成定向水流。

9.1.2.3　缺点

（1）对底层上升力不够大，对深水区增氧效果不理想。

（2）在水产养殖动物发生浮头时，不适合用作急救。

9.1.3 喷水式

由潜水泵、喷水头及浮体支架等组成。喷水头为一倒锥体，一般为单喷头，也有双喷头、三喷头。浮体为环形，用薄钢板或泡沫塑料制成。工作时，喷向空中的水膜与空气接触，使氧气溶入水中。动力效率一般为0.45～0.8kgO$_2$/（kW·h）。

9.1.3.1 原理

把池中下部较差的水抽上来向上、向四周或向前高速喷出。

9.1.3.2 优点

（1）能够延长其在空气中曝气增氧时间和扩大增氧面积。

（2）具有良好的增氧功能，可在短时间内迅速提高表层水体的溶氧量，同时还有艺术观赏效果，适用于园林或旅游区养鱼池。

9.1.3.3 缺点

由于其有效增氧面积很小，能耗转化差，所以现在仅应用于公园、观光鱼池、小水塘等，不仅美观，而且比较实用。

9.1.4 射流式

由潜水泵、分水器、射流器（包括喷嘴、吸气管、混合管、扩散管）等组成。由泵输出的压力水经分水器分流进入射流器，通过喷嘴以高速射流喷出，在其周围形成负压而从吸气管吸入空气。气水在混合管和扩散管内受到压缩并剧烈混合、挤压、剪切成微小气泡，增加了气泡与水的接触面，加速氧的溶解。动力效率一般为0.5～0.8kgO$_2$/（kW·h）。可用于活鱼运输箱或射流增氧船。

9.1.4.1 原理

离心泵旋转吸入池塘底层缺氧水并加压，加速输入射流器，当水从喷嘴喷出时，形成一股含大量气泡的高速水柱射流，这股水柱射入池塘水体中与水体产生对流，达到为池塘增氧的效果。

9.1.4.2 优点

（1）结构简单，能形成水流，搅拌水体。

（2）射流式增氧机能使水体平缓地增氧，不损伤鱼体，适合鱼苗池增氧使用。

9.1.4.3 缺点

增氧效果不理想，实际生产中常被做成射流式增氧投饵船，达到边投饵边增氧的双重效果。增氧面积小，容易把池底冲上来。

9.1.5 桨叶式

桨叶的形状类似螺旋桨或轴流泵叶轮。电动机与桨叶直接传动，结构简单。工作时，桨叶旋转产生旋涡，并推涌出大量水体，形成厚厚的水膜覆盖空气，并在水面形成波浪。动力效率为0.8～1.2kgO$_2$/（kW·h）。常见的就是涌浪机。

9.1.5.1 原理

涌浪机是近几年研制和推广的新型池塘养殖增氧机械，其工作原理是利用浮体叶轮中央提水并共振造浪向四周扩散。

9.1.5.2 优点

（1）设计简单、轻便、省电。

（2）提高阳光对水体的光照强度和气液接触面积，促进藻类生长，充分发挥和利用池塘的生态增氧能力。

（3）天气较好情况下的增氧能力较强。

9.1.5.3 缺点

（1）池塘较浅，涌浪过大容易搅浑水。

（2）阴雨天增氧能力一般。

9.1.6 充气式

由压气机、输气管、布气管等组成。布气管种类很多，敷设于池底，其上均布小孔、微孔或可变孔，来自压气机的空气经输气管从布气管的小孔散出，空气溶入水中。常见的就是罗茨鼓风机。

9.1.6.1　原理

采用罗茨鼓风机将空气送入输气管道，输气管道将空气送入微孔管，微孔管将空气以微气泡形式分散到水中，微气泡由池底向上浮，气泡在气体高氧分压作用下，氧气充分溶入水中，还可造成水流的旋转和上下流动，水流的上下流动将上层富含氧气的水带入底层，同时水流的旋转流动将微孔管周围富含氧气的水向外扩散，实现池水的均匀增氧。

9.1.6.2　优点

（1）节电。底部微孔增氧机压力宽，结构简单、维修方便、使用寿命长，整机振动小。实践证明水下式曝气增氧效果好，与传统增氧方法相比，达到同样效果，可以节电60%～80%。一台2.2kW的高性能增氧设备，有效增氧水面为30～40亩。

（2）改善养殖水体生态环境。曝气增氧在水体底部产生的气泡流范围广，充足的气流与大面积的水面接触，能保证水体底部的溶解氧在6.5mg/L，加速水体底部沉积的有机物和亚硝酸盐等有害物质的氧化分解，并能把有害有毒气体带出水面，从而改善和稳定水质，为鱼、虾、蟹创造适宜的生长环境，可减少病害的发生。

（3）有利于高密度养殖。曝气增氧为静态的水底部增氧，整个水体有效溶解氧充足，提高了水体各层空间养殖对象的活动能力，增加食欲，缩短养殖周期，为增加水体生物负载创造了条件。

（4）使用方便。不同的水面面积可配置不同功率的风机，一台风机可以实行双塘增氧或多塘增氧，主管、支管连接更换方便。

（5）在水中不会漏电。与传统增氧机相比，底部微孔增氧是布管在水中，电机在岸上，不存在水中漏电的可能。

9.1.6.3　缺点

（1）首次投入的资金相对于叶轮式等增氧机，成本高。

（2）目前微孔技术水平有限，生产出来的曝气管，容易堵塞。

（3）不适合深水池塘使用，一般超过1.5~2.0m水深，池塘水压过高不能起到良好的增氧效果。

9.2 溶氧锥

溶氧锥（图9-2），又称溶解氧锥，是一种用于测量水体中溶解氧含量的装置。它的工作原理基于氧气在水中的扩散和溶解过程，通过测量溶氧锥中溶解氧的浓度变化，可以间接推算出水体的氧气含量。溶氧锥在水生生物生态学、水质监测和水体环境评估等领域有着广泛的应用。

溶氧锥的基本结构包括一个锥形玻璃管和一个与之相连的氧电极。锥形玻璃管的设计使其底部面积较小，而顶部

图9-2 溶氧锥

面积较大，这样的结构有利于氧气的扩散和均匀分布。氧电极则用于测量溶氧锥中溶解氧的浓度。

在使用溶氧锥进行测量时，首先需要将溶氧锥置于待测水体中，并使其保持稳定。然后，通过氧电极测量溶氧锥中溶解氧的浓度，并记录数据。随着时间的推移，溶解氧的浓度会发生变化，这是由于水体中的氧气不断通过扩散作用进入溶氧锥中。通过定期测量并记录溶解氧浓度的变化，可以绘制出一条随时间变化的溶解氧浓度曲线。

根据溶解氧浓度曲线的变化特征，可以分析出水体的氧气含量及其变化趋势。如果溶解氧浓度曲线呈现上升趋势，说明水体中的氧气含量逐渐增加，这可能是由于光合作用等过程产生的氧气不断释放到水体中。相反，如果溶解氧浓度曲线呈现下降趋势，则说明水体中的氧气含量逐渐减少，这可能是由于水体受到污染、水温升高、水生生物呼吸等因素导致氧气消耗增加。

溶氧锥的工作原理：溶氧锥本身并无产生氧气的功能，它只是一个氧气与水混合的容器，由于特殊的构造，同时借助正负压（大气压）工作模式，

能使氧气充分地溶解在水中，即进水的同时利用进气装置加入氧气，使氧气在溶氧锥里进行充分混合，出来的水直接是高含氧的。在使用过程中，外在的一些因素也会影响溶氧锥的正常使用，这些因素包括增氧机、液氧罐、水泵设备、水管和整体系统设计等。氧气锥是一种特殊的压力容器。它的主要功能就是在气液充分混合的条件下，增加压力来迫使气体克服水的表面张力而被动溶解。因此氧气锥要与增压泵、射流器等设备配套使用。气源采用制氧机或氧气瓶（氧气纯度大于90%）。

9.3 鱼苗计数装备

目前，我国鱼类养殖业中主要采用人工抽样称重的方式进行估算计数，不仅耗时、费力，存在15%~25%的误差，而且容易对鱼类造成物理伤害和极大的压力，降低鱼类的生存率，已无法适应现代规模化水产养殖和销售的需求。目前生产鱼类计数器装备的公司主要有冰岛VAKI公司、挪威AquaScan公司、法国Faivre公司和比利时Calitri Technology公司。以下是对各个系列计数器的详细介绍。

9.3.1 VAKI公司

VAKI公司针对不同使用场景，不同尺寸的鱼类大小研发了各类功能和大小的计数器，包括通道计数器、管道计数器。VAKI公司的计数器大多数是基于扫描相机和计算机视觉技术来实现鱼类计数的，鱼在水中流过扫描区域，所有的图像都被记录下来，然后采用自定义软件用于分析和计算每个图像。即使在最大容量下，计数器的精度也超过99%。

9.3.1.1 用于捕捞船的计数器

（1）Channel计数器。Channel计数器在分离、分级操作或鱼类挑选时特别有用，因为它提供了每个尺寸组中鱼类数量。Channel计数器的设计是用于现代打捞泵和捕捞船上的鱼类运输系统中的鱼类计数器，适用于50g以上的鱼类计数，包括B型和Y型两种（图9-3、图9-4）。

图9-3　B型计数器

当计数后不需要将鱼引入管道时，使用B型计数器。通常用于将鱼苗在网箱之间转移的驳船。

图9-4　Y型计数器

Y型计数器用于大型分级机上，当鱼在计数后通过管道从分级机中运输出来时。

（2）Pipeline计数器。Pipeline计数器安装在来自分级机的管道中，或安装在进入网箱的管道末端（图9-5）。最常见的情况是，当将鱼从一个网箱送至另一个网箱时。Pipeline计数器也可用于分级机的出口。当鱼通过计数器时，利用红外线光束在扫描仪内部形成一个网格来计数。对于每一条通过扫描器的鱼，网格被破坏，并生成鱼的图像。然后，通过该图像来计算鱼的数量。

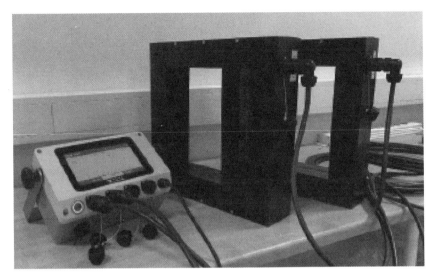

图9-5　Pipeline计数器

9.3.1.2　用于渔场的计数器

（1）Macro Exel计数器。Macro Exel计数器是Macro范围内最大的鱼类计数器（图9-6）。它有一个120cm宽的计数区域，适用于800g以上的鱼类计数。Macro Exel计数器可以作为单通道或4通道提供。

图9-6　Macro Exel计数器

（2）Macro & Micro计数器。Macro & Micro计数器（图9-7）主要适用于鱼类从孵化场运出时，或在进行分离、移动或分级时使用，可用在包括捕捞船和运输卡车上。Macro计数器适合计数0.1～400g的小鱼，计数区域宽度100cm，能达到1 000 000尾/h（1g）的速度，分为单通道和4通道两种型号；Micro计数器适合计数0.1～200g的小鱼，计数区域宽50cm，能达到500 000尾/h（1g）的计数速度，分为单通道和3通道两种型号。

图9-7　Macro & Micro计数器

（3）NANO计数器。NANO计数器（图9-8）最小计数尺寸能达到0.05g，能达到200 000尾/h（1g）的速度。

图9-8　NANO计数器

（4）Pico计数器。Pico计数器（图9-9）专为2.5英寸（1英寸=2.54cm，全书同）、4英寸和6英寸满水管中鱼苗的精确、高速计数而设计。Pico计数器具有完整的Macro计数器范围的所有优点，具有远程在线支持、计数报告和用于计数验证的图像记录。Pico计数器可供所有非透明鱼计数，并已证明是最好的虾类计数器之一。

（5）Bioscanner计数器。Bioscanner计数器的控制单元有两种可选，即单通道或4通道，最多可同时连接4通道输入，单通道计数速度可达60 000尾/h；Bioscanner计数器的通道型号有两种可选，即V-CHANNEL-1和V-CHANNEL-3，V-CHANNEL-1可对小鱼和中等大小的鱼进行计数（3~750g），V-CHANNEL-3可对中等大小以上的鱼进行计数（500g至6kg）（图9-10）。

图9-9　Pico计数器

通道两个关键点是"V"形和曲线形。当鱼从水池里出来时，它们靠得很近，必须分开才能准确地计数。"V"形可以确保鱼不会掉头，也不会挤在一起。曲线形使鱼加速下潜。如果两条鱼在开始时靠得很近，前面那条鱼会加速得更快，这就导致了鱼的分离。为了正确操作，必须根据鱼的大小调整水量。如果不使用太多的水，鱼的分离效果会更好，但必须用足够的水将鱼顺利地冲下水道。

图9-10　Bioscanner通道控制器和扫描单元

9.3.1.3　VAKI公司技术生态

计数器上的触摸屏用于操作计数器，主屏幕显示数字、平均重量和吞吐量。图表显示了通过计数器的鱼的速度和最大容量。如果计数器过载，将发出警告信号。

每次计数后，将保存一个图像文件和一个报告文件。文件可以显示在屏幕上，并传输到闪存驱动器或内部网络。

鱼的图像是自动记录的，可以用来验证和检查计数的准确性。图像文件可以提供给客户或作为永久记录存储。

红色图表表示在整个计数过程中鱼的数量，用于选择进一步分析的时间范围。屏幕每1s显示一次经过摄像机的图像。准确度可以通过手动检查屏幕上显示的鱼类图像数量来验证。

除其他功能外，VAKI Macro计数器还为用户提供了通过智能手机和平板来运行计数器、查看结果以及电子邮件发送计数报告等选项。

计数报告在每次计数后生成，包括计数的总鱼数、每组中的鱼数、总计数时间、平均每分钟鱼数和任何计数器过载时间。另外，计数程序的一个可选功能是尺寸测量模块，它显示了被计数鱼的准确平均重量和尺寸分布。

VAKI云是存储和访问所有VAKI计数器报告、鱼类图像和智能流量分级报告的在线位置。所有的VAKI计数器和分级机都能够自动将文件备份到VAKI云。

9.3.2　AquaScan公司的C系列产品

9.3.2.1　CSW系列

AquaScan CSW系列鱼苗计数器是平板计数器，用于高容量鱼苗和小体型鱼计数。计数单元由平板和宽计数通道组成，鱼类将在平板表面分散展开，可以实现超高容量计数。通常用于鱼类传送系统中计数，主要应用于水产研究及水产养殖场所。CSW系列是由1、2、3或4个计数单元组成的紧凑型模块化系统，并配有特殊的安装架（图9-11），可以单独使用，也可以轻易将多个计数通道依次安装在一起。和其他计数器系列不同，这些没有管道安装。鱼类可以在整个扫描区域自由流动。

CSW系列鱼类计数器有2种型号，CSW2800和CSW5500分别适用于0.2～200g与1～1 000g的鱼苗等小鱼计数。

图9-11 CSW配合安装架

9.3.2.2 CSE和CSF系列

AquaScan CSE系列鱼类计数器通常与分级机结合使用。这类干式计数器只需要少量传输水用于鱼类通过。CSE系列计数器可以作为独立计数器，连接到管道系统或直接安装于分级机上。CSE系列鱼类计数器有4种型号，不同计数通道口径适用鱼类重量范围不同。

AquaScan CSF系列鱼类计数器设计适用于管道中满水状态下对大量鱼类的计数。这类计数器主要用于捕捞船和更大的岸上场所，需具有足够大的连续流泵，能够以高速输送稳定的水流。CSF技术的核心是在充满水的圆管中测量鱼类，从头至尾保持圆管的完整性。

（1）系统组成。CSW、CSE和CSF的系统组成很简单，控制单元与计数单元通过线缆连接。控制单元可连接最多4个计数单元，可实现各计数单元的各自计数以及任意几个单元的计数和总计数。其中CSW系统使用方式多样，可只需计数器和控制单元使用，或者配合一个特殊安装件使用，或者一个特殊安装件配两个计数器，再配合格栅对不同大小鱼类分级计数，即大小鱼类分两个方向从不同计数器通道计数输出；CSE和CSF系统的计数单元两侧与用户自己的管道或者选配厂家的连接管连接后即可正常工作。另外，还有其他配件可根据需要选择，如外部警报器，用于预定值时发出声音警报。

（2）原理。不管是一条鱼还是几条鱼同时通过传感器，AquaScan都能测量通过装置的所有物体的大小（形状）。计算的数量是所有鱼的总大小除以上次计算的鱼的平均大小。平均尺寸在整个计数过程中是不断计算和更新的。因此，在使用之前需要对平均大小进行校准，将至少前125条通过此计数装置的鱼用于校准此系统，这125条鱼中必须至少有50条鱼是单条通过通道的。校准完成后，AquaScan将显示校准过程中通过的鱼的正确数量。当至少记录125条鱼时，系统将自动将校准模式更改为正常计数。

9.3.3 Calitri Technology公司FC系列产品

Calitri Technology公司系列产品（图9-12）主要由铝制和塑料组成的鱼计数器，是专门用在自动分级机后快速（3～5t/h）和准确（98%以上）计数活鱼的装置。计数器连接到平地机的出口管或任何其他管上。鱼计数器可以执行各种控制程序（自动测试），在计数失败的情况下会及时反馈给用户。电子显示屏可以提供鱼类计数数量、鱼类状态和选择的敏感度等信息。

两个带有发射器和接收器模块的传感器安装在一个舱体内，并配有电气接头。图形显示器和电源线配备了一个电气接头（90～220V交流电/15V直流电）。各种连接器连接在主模块的接线盒中，所有的电子部件都是密封的，用户可以很容易地拆卸和更换。

FC8计数器　　　　　　　　　　　FC系列计数器使用场景

图9-12　FC8计数器和FC系列计数器使用场景

9.3.4 其他产品

TPS鱼苗计数系统主要针对的是鱼苗，按照"自由游动"原则运行，鱼苗或鱼种（0.2～70.0g，视物种而定）始终处于自然状态，本能地游过计数器单元。因此，计数不会给鱼造成压力。计数器通过喷嘴喷水将鱼分开，使每一条鱼都能通过光电计数管，准确率为98%～100%。计数器装有带存储功能的电子元件。电子气缸使用可充电电池工作，也可以连接到220V/50Hz的电源。传感器单元和电子气缸都是防水的。

每个计数器包括一个不锈钢水泵（220～240V/50Hz，940W，11kg，容量12m³/h）和一个框架，用于将计数器安装在水箱边缘或放置在水箱中。作为辅助工具，可用于计数0.2～0.5g的鱼苗。

9.3.5　国内虾苗计数器

主要针对的是虾苗计数，使用前需要将虾苗分装在白色托盘内，然后放入计数器，通过手机拍照点苗。经过反复测试，计数器点苗准确率达到98%以上，每次点苗仅需1min左右，大大缩短了苗场点苗的时间，提高了点苗效率。目前，该产品还处于推广阶段。

9.3.6　对比总结

从计数方式看，大部分计数器均采用鱼类通过管道或扫描区域的方式实现高容量计数，通过改变管道的大小实现对不同尺寸的鱼类进行计数，不仅计数效率高，适用范围大（0.2g至5kg），而且对鱼类造成的损伤小，但几乎所有计数器均是针对长宽比不大的鱼类，如鳟鱼、鲑鱼、鲈鱼、鲷鱼等，还没有针对体型修长、柔软鱼类（如带鱼、龙舌鱼）的计数器。

对于成年鱼类，大部分采用管道式或轨道式限制鱼类通过计数传感器的数量，但以CSF计数器为代表的管道计数器能实现同时对多条鱼类计数。

对于鱼苗，大多数以扫描区域的方式进行计数，计数速度能达到百万级鱼苗每小时，如VAKI公司的NAKI计数器。

对于极小的鱼苗，也可以采用对容器内的鱼类拍照计数的方式，如国内的虾苗计数器。

从计数原理看，主要有以VAKI公司的产品为代表的机器视觉计数、Faivre公司的PESCAVISION系列产品和AquaScan公司C系列为代表的红外成像计数、Calitri Technology公司FC系列产品为代表的光电计数3种方式，计数精度均达到了98%以上。

从实现功能看，大部分计数器均支持鱼苗数量、计数速度的实时显示，部分计数器支持视频、图像和计数报告生成和保存，计数报告包括计数的总鱼数、每组中的鱼数、总计数时间、平均每分钟鱼数等信息，VAKI公司的Channel计数器还支持手机、平板控制和信息查看，数据云存储等功能。

9.4　智能饲喂装备

养殖管理的一个重要内容就是将饲料成本控制到最低，既减少饲料浪费，节省成本，又降低残饵污染导致局部水域环境恶化的可能性。

投饵机是对水产养殖对象定时、定量投撒饲料的机械设备，主要有喷浆和颗粒饲料投撒两种。前者由泵、料斗、输送管道和喷射器等组成，喷射液态饲料；后者由料斗、给饵和撒饵机构、定时器等组成的机械式投饵机，以及由料斗、挡料器、料板等组成的鱼动投饵机，利用鱼类游动或争食而产生水波，触动料板而自动投饵。

气动式投饵机（图9-13）原理：采用鼓风机作动力源，通过管道，使高速流动的空气把饵料吹送到网箱中央。在管道出口处设一个凸起的障碍物，使高速流动的饵料得到碰撞而散开，散开面积控制在$4 \sim 5m^2$。下料结构起初用电磁铁吸拉料门结构，但由于电磁铁经长时间使用，线圈容易磨损而漏电，在安全生产中存在隐患，后期改用了偏心轮振动下料结构。控制器使用的是常用的定时开关机、间隔下料普通控制器。现在使用的单片机控制器定时准确投喂时间和间隔时间可随时根据需要调整，以适应摄食鱼的数量及规格变化的需要，减少饵料沉底过多的损失。单片机可设置每天所有的投喂程序，包括自动完成每天所需要的开机、关机、投喂时间、间隔时间等设置，当料斗中没有饲料时能够自动停止投饵。

图9-13　气动式投饵机

9.5 养殖巡检机器人

养殖巡检机器人是集成了网关设备、后备可充电的锂电池控制系统、环境监测系统为一体的智能化养殖巡检装置，由各个部件相互配合完成，包括网关控制板、主控板、传感器采集板、霍尔传感器、温度/二氧化碳等传感器、双目、广角摄像头等。

智慧养殖通过各种传感器对养殖舍内相关设备（除湿机、加热器、开窗机、红外灯、风机等）的控制，实现养殖舍内环境（包括温度、湿度、光照、CO_2、NH_3、H_2S等）的集中、远程、联动控制。实现远程操控设备。传统物联网公司会将各种传感器（摄像头、气体探测、温湿度探测等）安装到养殖场内。

9.5.1 视频监控及防盗报警

巡检机器人搭载的高清视频球机，可以实现反映当前的状况，也能在一个周期内把画面录制下来，一般为15~30d，作为查看数据资料。不论是对场内的家畜的状况把握，或是非法人员入侵，都能做到足不出户，对现场了如指掌。

场内可设置门磁、人体感应器、红外双鉴探测器、红外对射、声光报警器等；触发的前端的探测器，能通过报警主机给主人打电话或发信。

视频监控与防盗报警设备搭配使用，可以提高安全等级，让盗窃案件降低为零，还能提供视频画面，找到非法入侵人员。

9.5.2 温度、湿度监控

最佳温、湿度，能够促进家禽的快速成长，物联网智能主机能通过探测器来联动通风系统、除湿机来调节温度、湿度，让家禽一直处于适宜的成长环境。

9.5.3 空气质量监控

空气质量是家禽是否致病的重要因素，通过空气质量探测器，能把有害气体及时排出养殖场，使场内能够良性发展。

9.5.4 动物状态信息实时采集

通过各种在线监测技术和手段，实时采集信息，具备超标数据的自动报警功能。

9.5.5 智能巡检管理平台

整合视频监控系统，将动物的图像信息、养殖场内设备运行（如风扇）信息集成一个画面上，实现养殖场内的统一监视。

9.6 水下机器人

传统的渔业水下观测需要潜水员潜入水中作业。在水深大于20m时，潜水员容易出现胸闷、头晕等不适症状，长此以往有罹患减压病的危险。目前常用的环境监测方法为浮标在线监测法，它仅能测定有限固定点的水质参数，不便对水体进行三维空间上的动态监测，对鱼类的数量行为观测能力非常有限。使用渔业机器人则可有效解决此问题，通过运动控制系统和拍摄等感知系统，可以实现探测、预警、打捞、娱乐等功能。

水下机器人由多种系统集成构建，航姿参考系统可以为遥控式水下机器人（ROV）提供准确可靠的姿态与航行信息；水下相机用于实时获取图像信息；多普勒计程仪测量并记录ROV水下速度，用于水下辅助导航系统；脐带缆可以将动力、控制信号传递给ROV，同时接收返回的图像信息；推动系统提供前进动力；深度传感器获取当前的深度信息。它适用于近浅海渔业环境和结构化、工业化的淡水渔业环境。

9.7 仿生机器鱼

基于仿生结构的仿生水下机器人，也叫仿生机器鱼，是近年来国际新兴的鱼类机器人。由于自主式水下机器人（AUV）和遥控式水下机器人（ROV）存在惊吓水生动物的问题，很多国内外研究人员开发了具有仿生外形或基于仿生运动机理的水下环境调查与水生动物监视专用机器人（BUV）。此类机器人体积较小，外形近似鱼类，更容易融入生物环境，不会对水域环境及水生生物产生较大干扰，能更好地适应渔业生产环境。

仿生机器鱼已用于探测水中的污染物，并绘制河水的3D污染图。这种机器鱼形似鲤鱼，身上装备有探测传感器，可以发现水中的多种污染物，如轮船泄漏的燃油或其他化学物等。仿生机器鱼具有以下特点。

9.7.1　推进效率高

鱼类通过尾鳍的摆动能消除螺旋桨产生的与推进方向垂直的涡流，产生与推进方向一致的涡流，并且整理尾流，使其具有更加理想的流体力学性能，从而提高效率。初步试验表明机器鱼的推进效率比常规水下设备高30%以上。采用机器鱼作为水下机械可大大节省能量，提高能源利用效率，从而提高了水下作业时间和作业范围。同时相对于目前的船舶，其高的推进效率可以节约大量的能源，在研究仿生机器鱼推进机理的基础上可以为新型船舶的设计提供新的思路。

9.7.2　机动性能好

机器鱼具有高速启动、加速的性能，可在小范围内实现不减速转向运动。研究发现，生活在水中的依靠敏捷运动才能生存的鱼类，可以不减速实现转向运动，并且其转向半径只有其身体长度的10%～30%。而现在的机动船在转向时其速度要降低50%以上，并且其转向半径大。由于采用身体波动式推进的机器鱼体型细长，并且具有足够的柔韧性，使其在空间狭窄、空间结构复杂的场所有着更良好的机动性能。因此它可以在波涛汹涌、地势险峻的海洋环境中进行水下探测和水下作业。

9.7.3　噪声低、隐蔽性能高

军事应用方面，由于机器鱼在雷达上的表现形式与生物鱼类几乎相同，能够轻而易举地躲过声呐的探测和鱼雷的袭击，出其不意地攻击对方舰艇、基地，具有重大的军事应用前景。而且在民用上，可以用于海洋生物观察。

9.8 智能分级装备

智能分级装备的理论基础是机器视觉技术，可以实现鱼类的分群和销售分级。

机器视觉技术是20世纪70年代初期在遥感图片和生物医学图片分析两项应用技术取得卓有成效的成果后开始崭露头角的。机器视觉技术的出现解决了人工方式存在的很多问题，具有广泛的发展潜力。农产品分级分选的传统作业方式是人工肉眼识别，有很大的主观性，长时间的观测容易使人产生疲劳，检测效率低，缺乏客观一致性。随着计算机图像处理技术、机器视觉技术的发展和成熟，农产品分级分选已有人工分级、机械式分级、电子分级发展到机器视觉分级。利用机器视觉技术实现农产品分级分选检测具有实时、客观、无损的特点，因此成为国内外自动化检测领域中研究的热点，并取得了一定的成果。

9.8.1 机器视觉技术

机器视觉技术是一门涉及人工智能、神经生物学、心理物理学、计算机科学、图像处理、模式识别等诸多领域的交叉学科。机器视觉主要用计算机来模拟人的视觉功能，从客观事物的图像中提取信息，进行处理并加以理解，最终用于实际检测、测量和控制。

9.8.2 机器视觉技术的原理

可见光波段的机器视觉是指计算机对三维空间的感知，是计算机科学、光学、自动化技术、模式识别和人工智能技术的综合，包括捕获、分析和识别等过程。机器视觉系统主要由图像的获取、图像的处理和分析、输出或显示3部分组成，一般需要的图像信息捕获设备主要为电荷耦合元件、互补金属氧化物半导体相机、检测装置、传送与置物系统、计算机和伺服控制系统等设备。

9.8.3　机器视觉技术的特点

机器视觉技术最大的特点是速度快、信息量大、功能多。将机器视觉技术应用于鱼类品质检测具有人工检测所无法比拟的优势。表面缺陷与大小、形状是鱼类品质的重要特征，利用机器视觉进行检测不仅可以排除人的主观因素的干扰，而且还能够对这些指标进行定量描述，避免了因人而异的检测结果，减小了检测分级误差，提高了生产率和分级精度。另外，机器视觉技术可提高生产的柔性和自动化程度。在一些不适合于人工作业的危险工作环境或人工视觉难以满足要求的场合，常用机器视觉来替代人工视觉；同时在大批量工业生产过程中，用人工视觉检查产品质量效率低且精度不高，用机器视觉检测方法可以大大提高生产效率和生产的自动化程度。而且机器视觉易于实现信息集成，是实现计算机集成制造的基础技术。

参考文献

柴毅，谢从新，危起伟，等，2006. 鱼类行为学研究进展[J]. 水利渔业，26
　　（3）：1-2，47.

付世建，曹振东，曾令清，等，2014. 鱼类游泳运动：策略与适应性进化[M].
　　北京：科学出版社.

葛常水，杨子江，2005. 我国"数字渔业"建设探讨[J]. 中国渔业经济（5）：
　　24-27.

龚家龙，阎守邕，1980. 环境遥感技术简介[M]. 北京：科学出版社.

龚希章，张相国，邓定坤，等，2005. 基于网络的上海水产大学渔业信息系统
　　的设计与实施 [J]. 上海水产大学学报（3）：3294-3300.

韩瑞，2013. 基于生态行为学的鱼类动态模拟[D]. 北京：中国科学院大学.

贺付亮，李新科，许愿，等，2015. 基于物联网的内河小型渔船动态信息监控
　　系统设计 [J]. 农业工程学报，31（20）：178-185.

胡凯，2022. 基于深度学习的青蟹测量和检测模型研究[D]. 杭州：浙江大学.

胡利永，魏玉艳，郑堤，等，2015. 基于机器视觉技术的智能投饵方法研究[J].
　　热带海洋学报，34（4）：90-95.

君礼，崔崇威，1999. 二氧化氯物理化学性质研究进展[J]. 哈尔滨建筑大学学
　　报（5）：47-51.

孔德平，秦涛，范亦农，等，2019. 邛海鱼类资源与空间分布的水声学调查[J].
　　水生态学杂志，40（1）：22-29.

李成渊，2016. 射频识别技术的应用与发展研究[J]. 无线互联科技（20）：
　　146-148.

李家瑞，1994. 气象传感器教程[M]. 北京：气象出版社.

李杰，陈超美，2017. CiteSpace：科技文本挖掘及可视化[M]. 北京：首都经济
　　贸易大学出版社.

李敏讷，朱海峰，金志军，等，2018. 加速流对鲢、鳙幼鱼下行过程中游泳行
　　为的影响[J]. 水生生物学报，42（3）：571-577.

李明德，2013. 鱼类分类学[M]. 3版. 天津：南开大学出版社.

刘泰麟，2019. 智慧渔业大数据平台框架及关键技术研究[D]. 青岛：青岛科技

大学.

刘艳，2010. 基于无线传感器网络的水产养殖监测系统研究[D]. 杨凌：西北农
林科技大学.

刘子毅，2013. 基于计算机视觉的大西洋鲑鱼肉色自动分级及摄食活性测量研
究[D]. 青岛：中国科学院研究生院（海洋研究所）.

楼卓成，2021. 海南省智慧渔业发展现状与建议[J]. 科学养鱼（7）：73-74.

陆锌渤，2018. 浅析射频识别技术[J]. 中国新通信，20（1）：67-68.

苗淑彦，王际英，张利民，等，2003. 水产动物残饵及粪便对养殖水环境的影
响[J]. 饲料研究（2）：64-67.

欧阳胡明，2006. 渔业船舶管理信息系统的设计与开发[D]. 大连：大连理工大学.

彭红梅，2017. 基于生物水质监测的鱼体运动状态检测系统研究[D]. 西安：西
安邮电大学.

沈照理，1993. 水文地球化学基础[M]. 北京：地质出版社.

石广福，2009. 养殖斑点叉尾鮰残饵和粪便对水质的影响[D]. 重庆：西南大学.

石永闯，樊伟，张衡，等，2021. 适用于数据缺乏渔业的资源评估方法研究进
展. 中国水产科学，28（5）：673-691.

王东春，杨子江，彭杨威，2022. 稳中求进：基于2022年中央一号文件的渔业
政策解读[J]. 中国水产（5）：38-43.

王磊，孟静，唐研，2023. 文献计量视角下农业学科与产业分析[M]. 北京：中
国农业科学技术出版社.

魏华，吴垠，2011. 鱼类生理学[M]. 2版. 北京：中国农业出版社.

魏巍宏，2022. 智慧渔业中的机器视觉技术应用研究现状[J]. 河北渔业
（10）：36-39，44.

吴锦辉，2021. 日本渔业经济发展状况及对广东的启示[J]. 农业与技术，41
（4）：153-156.

吴强泽，2016. 池塘养殖智能投饲系统的研究[D]. 南京：南京农业大学.

肖兰志，高金龙，王栋，2012. 几种常用水处理消毒工艺的对比[J]. 给水排
水，48（S2）：96-98.

熊瑛，郑元甲，汤建华，等，2018. 海洋鱼类种群划分的研究方法及其在小黄
鱼上的应用进展[J]. 海洋渔业，40（1）：117-128.

杨严鸥，2003. 饲料质量和摄食水平对不同食性鱼类生长和活动的影响[D]. 武
汉：华中农业大学.

于港怿，2023. 基于深度学习的网箱养殖鱼类体表疾病自动监测研究[D]. 上

海：上海海洋大学.

张建波，王宇，聂雪军，等，2021. 智慧渔业时代的深远海养殖平台控制系统[J]. 物联网学报，5（4）：120-136.

张胜茂，孙永文，樊伟，等，2022. 面向海洋渔业捕捞生产的深度学习方法应用研究进展[J]. 大连海洋大学学报，37（4）：683-695.

张世良，2015. 基于物联网的渔业智能化养殖系统的设计[J]. 宁德师范学院学报（自然科学版），27（3）：299-302.

赵建，2018. 循环水养殖游泳型鱼类精准投喂研究[D]. 杭州：浙江大学.

周文英，史文崇，2022. 机器学习在渔业研究中的应用进展与展望[J]. 渔业研究，44（4）：407-414.

庄平，1999. 鲟科鱼类个体发育行为学及其在进化与实践上的意义[D]. 武汉：中国科学院水生生物研究所.

ACHARYA D, FARAZI M, ROLLAND V, et al., 2024. Towards automatic anomaly detection in fisheries using electronic monitoring and automatic identification system[J]. Fisheries Research, 272: 106939.

ARMSTRONG J B, SCHINDLER D E, 2013. Going with the flow: spatial distributions of juvenile coho salmon track an annually shifting mosaic of water temperature[J]. Ecosystems, 16（8）: 1429-1441.

BAI Z, CRISTANCHO D E, RACHFORD A A, et al., 2016. Controlled release of antimicrobial ClO_2 gas from a two-layer polymeric film system[J]. Journal of agricultural and food chemistry, 64（45）: 8647-8652.

COSTA C, ANTONUCCI F, BOGLIONE C, et al., 2013. Automated sorting for size, sex and skeletal anomalies of cultured seabass using external shape analysis[J]. Aquacultural Engineering, 52: 58-64.

COSTELLO C, OVANDO D, HILBORN R, et al., 2012. Status and solutions for the world's unassessed fisheries[J]. Science, 338（6106）: 517-520.

GOODFELLOW I, BENGIO Y, COURVILLE A, 2016. Deep learning（Vol. 1）. Cambridge: MIT Press: 394-396.

GU J X, WANG Z H, KUEN J, et al., 2015. Recent advances in convolutional neural networks. arXiv: 1512. 07108v3.

GUI F, LI Y, DONG G, et al., 2006. Application of CCD image scanning to sea-cage motion response analysis[J]. Aquacultural Engineering, 35（2）: 179-190.

HONG H, YANG X, YOU Z, et al., 2014. Visual quality detection of aquatic products using machine vision[J]. Aquacultural Engineering, 63: 62-71.

KARPLUS I, GOTTDIENER M, ZION B, 2003. Guidance of single guppies (*Poecilia reticulata*) to allow sorting by computer vision[J]. Aquacultural Engineering, 27 (3): 177-190.

KIDWELL D M, LEWITUS A J, BRANDT S, et al., 2009. Ecological impacts of hypoxia on living resources[J]. Journal of Experimental Marine Biology and Ecology, 381: S1-S3.

LABAO A B, NAVAL JR P C, 2019. Cascaded deep network systems with linked ensemble components for underwater fish detection in the wild[J]. Ecological Informatics, 52: 103-121.

LECUN Y, BENGIO Y, 1995. Convolutional networks for images, speech, and time series[M]. Cambridge: MIT Press.

LI D, HAO Y, DUAN Y, 2020. Nonintrusive methods for biomass estimation in aquaculture with emphasis onfish: a review[J]. Reviews in Aquaculture, 12 (3): 1390-1411.

MEHRIZI R, PENG X, XU X, et al., 2018. A computer vision based method for 3D posture estimation of symmetrical lifting[J]. Journal of Biomechanics, 69: 40-46.

METHOT R D, WETZEL C R, 2013. Stock synthesis: a biological and statistical framework for fish stock assessment and fishery management[J]. Fisheries Research, 142: 86-99.

MOFFITT C M, CAJAS-CANO L, 2014. Blue growth: the 2014 FAO state of world fisheries and aquaculture[J]. Fisheries, 39 (11): 552-553.

NARANJO-MADRIGAL H, VAN PUTTEN I, NORMAN-LÓPEZ A, 2015. Understanding socio-ecological drivers of spatial allocation choice in a multi-species artisanal fishery: a Bayesian network modeling approach[J]. Marine Policy (62): 101-115.

NELSON J S, GRANDE T C, WILSON M V H, 2016. Fishes of the world[M]. 5th ed. Hoboken: Wiley.

OPPENBORN J B, GOUDIE C A, 1993. Acute and sublethal effects of ammonia on striped bass and hybrid striped bass[J]. Journal of the World Aquaculture Society, 24 (1): 90-101.

PALMER J L, ARMSTRONG C, AKBORA H D, et al., 2024. Behavioural patterns, spatial utilisation and landings composition of a small-scale fishery in the eastern Mediterranean[J]. Fisheries Research, 269: 106861.

PARTELOW S, BODA C, 2015. A modified diagnostic social-ecological system framework for lobster fisheries: case implementation and sustainability assessment in Southern California[J]. Ocean & Coastal Management, 114: 204-217.

PRELLEZO R, CURTIN R, 2015. Confronting the implementation of marine ecosystem-based management within the Common Fisheries Policy reform[J]. Ocean & Coastal Management, 117: 43-51.

SABERIOON M, GHOLIZADEH A, CISAR P, et al., 2017. Application of machine vision systems in aquaculture with emphasis on fish: state-of-the-art and key issues [J]. Reviews in Aquaculture, 9（4）: 369-387.

SEKINE M, IMAI T, UKITA M, 1997. A model of fish distribution in rivers according to their preference for environmental factors[J]. Ecological Modelling, 104（2/3）: 215-230.

SLABBEKOORN H, BOUTON N, OPZEELAND I V, et al., 2010. A noisy spring: the impact of globally rising underwater sound levels on fish[J]. Trends in Ecology & Evolution, 25（7）: 419-427.

STOLL J S, RISLEY S C, HENRIQUES P R, 2023. A review of small-scale marine fisheries in the United States: definitions, scale, drivers of change, and policy gaps[J]. Marine Policy, 148: 105409.

TAHERI-GARAVAND A, NASIRI A, BANAN A, 2020. Smart deep learning-based approach for non-destructive freshness diagnosis of common carp fish[J]. Journal of Food Engineering, 278: 109930.

ZHANG W, 1988. Shift-invariant pattern recognition neural network and its optical architecture. In Proceedings of Annual Conference of the Japan Society of Applied Physics, 88: 4790-4797.

ZHOU C, ZHANG B H, LIN K, et al., 2017. Near-infrared imaging to quantify the feeding behavior of fish in aquaculture [J]. Computers and Electronics in Agriculture, 135: 233-241.

ZHOU C, XU D, CHEN L, et al., 2019. Evaluation of fish feeding intensity in aquaculture using a convolutional neural network and machine vision[J]. Aquaculture, 507: 457-465.